商业机电
全过程管理实务

余 雷 王 辉 编著

东南大学出版社
SOUTHEAST UNIVERSITY PRESS
·南京·

内容提要

本书系统地阐释了商业项目机电工程的全过程管理实务,重点介绍了各机电系统的管理总则、所需产品设备以及安装施工要点;适当总结了商业项目机电系统的定义、特点、管理内容以及作用,并结合实务以更专业的视角展示了机电系统的技术要点。

本书共分为八章:第一章为商业项目机电管理的定义、内容及作用;第二章为商业项目整体机电系统设计思路及重点系统设计原则;第三至八章为具体项目的管理要点,包括暖通系统、强电系统、给排水系统、智能化系统、电梯系统以及消防系统。

本书可作为各建设单位、施工单位、设计单位、监理单位等相关人员开展商业项目机电工程相关工作的参考书籍。

图书在版编目(CIP)数据

商业机电全过程管理实务 / 余雷,王辉编著. — 南京:东南大学出版社,2023.11

ISBN 978-7-5766-0517-4

Ⅰ. ①商… Ⅱ. ①余… ②王… Ⅲ. ①机电工程—工程管理 Ⅳ. ①TH

中国版本图书馆 CIP 数据核字(2022)第 241916 号

责任编辑:丁 丁　　责任校对:韩小亮　　封面设计:王 玥　　责任印制:周荣虎

商业机电全过程管理实务

Shangye Jidian Quanguocheng Guanli Shiwu

编　著	余 雷 王 辉
出版发行	东南大学出版社
社　址	南京市四牌楼 2 号　邮编:210096　电话:025 - 83793330
出 版 人	白云飞
网　址	http://www.seupress.com
电子邮箱	press@seupress.com
经　销	全国各地新华书店
印　刷	广东虎彩云印刷有限公司
开　本	700mm×1000mm　1/16
印　张	14.5
字　数	240 千字
版　次	2023 年 11 月第 1 版
印　次	2023 年 11 月第 1 次印刷
书　号	ISBN 978-7-5766-0517-4
定　价	78.00 元

本社图书若有印装质量问题,请直接与营销部联系,电话:025 - 83791830。

常言:"空谈误国,实干兴邦。"每每念及此,就不免想起在新中国建设中那些"于无声处听惊雷"的知识分子与"足蒸暑土气,背灼炎天光"的一线工人们。社会上这些那些的价值,终归是来自他们的。

马克思曾指出:"任何一个民族,如果停止劳动,不用说一年,就是几个星期,也要灭亡。"劳动是人类的本质活动,是推动人类社会进步的根本力量。我党带领全国各族人民历时代沧桑,经时代嬗变,取得今日的种种成就,是离不开"务实"二字的。今天,中华民族从站起来、富起来到强起来,每一步都不是轻而易举的,每一步都浸透着亿万劳动群众的辛勤汗水和默默奉献。我们时常看到一个个平凡却闪光的名字,一个个埋头苦干、忘我奉献的劳动者,一砖一瓦建设起社会主义雄伟大厦。

从新民主主义革命时期的"兵工事业开拓者"吴运铎到社会主义革命和建设时期的"铁人"王进喜,再到改革开放和社会主义现代化建设新时期的"蓝领专家"孔祥瑞。进入新时代以来,我们有幸见证了"桥吊状元"竺士杰、"金牌焊工"高凤林、"禁区勇士"胡洪炜、"当代愚公"黄大发等一大批先进模范人物,为祖国做贡献、与新时代齐奋进,取得了辉煌的成就。"冥昭瞢暗,谁能极之?"两千多年前,屈原就在《天问》中向我们阐述了中华民族在追求真理、求知求实的道路上是永不停歇的,是志在必得的。

正所谓:"心心在一艺,其艺必工;心心在一职,其职必举。"

近来,恰逢机缘,汇集思绪,根据项目管理经验,着手编写工程领域中关于商业机电工程管理的相关书籍，真可谓是"机会难逢形胜在，狂歌吊古漫悠悠"。倘若有幸能为天下辛勤劳作的一线人员以及其他求知问道的学子在此方面的劳作耕耘提出一点指导建议，提供一些帮助引导，倒也是一种不同体验，更是另一种收获。

"六朝金粉地，最忆是金陵。"本书起于南京，也成于南京，根据南京实际商业项目案例的经验总结为基础进行撰写，中间更是得到东南大学陶锦良、黄瑞等人的协助、整理、校对，在此深表谢意。同时对本书编写出版过程中提供大力支持与专业指点的专家学者、出版社致以深深的谢意。受限于水平与经验，本书或有不足之处，请大家批评指正。在此，表示衷心的感谢。

借此机会，也愿广大读者与我们一同把握时代脉搏，在工程实践中做出贡献，干出成绩，共同助力行业不断向好向前发展。也愿本书能为国家培养新世纪高级专业人才献上绵薄之力。衷心祝愿广大读者，在创新图强、服务社会的过程中，判科学人文之美，彰止于至善新气象！

随着我国经济近年来的高速发展,国家现代化建设不断推进,城市化水平不断提高,机电工程日益成为工程项目的关键部分。由于一个机电系统包含多方面专业知识,机电系统设计不但要体现建筑智能化、科技化以及信息化的设计理念,还要涵盖智能建筑、低碳节能、管理运营等多个维度的设计要点,这样才能保证机电系统的协调稳定运行,从而达到预期的目标。因此,一个综合的机电系统决定了整个项目的成败。一个成熟的机电系统能够体现商业项目的科技性、智慧性以及舒适性。

目前,我国对机电项目设计管理的理念较为落后,对项目设计管理的认识往往局限在某个项目单位上,对整个项目设计全局性及系统性重视不足,对项目整体设计过程的质量管理手段较为落后。因此本书聚焦于商业机电项目的全过程管理,阐述了一个商业项目机电系统的设计思路与设计原则,并从暖通、强电、给排水、智能化、电梯以及消防这六个主要机电系统出发,对以上系统的技术管理要点进行探讨与研究,全程参考国家最新颁布的施工规范以及相应的行业规程,旨在从项目前期的投资与造价估算、中期的施工质量及管理水平、后期的合理运营与维护等多个方面建立一个科学合理的商业机电系统,进一步填补我国在此方向上的技术空白。

在本书的编写过程中,虽经反复推敲求证,但限于作者的水平与经验,书中谬误之处在所难免。如有不妥之处,恳请广大读者提出宝贵意见,批评指正。

7　电梯系统技术管理要点 ···························· 157

1

商业项目机电管理概述

1.1 商业项目机电系统的定义与特点

随着我国社会与经济的快速发展,商业项目发展势头迅猛,不仅类型多种多样、规模巨大、适用人群广,而且其内部功能越来越复杂,逐步形成了一种商业综合体的建筑类型。其中,机电工程是商业项目正常运行的基础,是商业项目非常重要的组成部分,一般情况下其造价约占整个工程总费用的 30% ~ 70%。随着现代科学技术的发展,机电工程中智能化利用的技术也日益复杂、先进,所以对商业项目中的机电工程进行有效的技术管理显得尤为关键。

在对商业项目的管理中,通常可将机电工程分为暖通系统、强电系统、给排水系统、智能化系统、电梯及自动扶梯系统、高效机房系统、泛光照明及灯具系统、消防系统。各系统间通过相互作用或相互依存形成统一整体,实现机械技术和电子信息技术的组合,保证商业项目正常运行。

与普通住宅、公寓等房地产项目相比,商业项目所需的机电工程专业性比较强,通常对基本技术的要求要高于对住宅技术的要求,且对管理人员的综合素质要求很高。在机电工程的建设管理中不仅需要我们制定出完备的设计方案,还需要对整个机电工程施工过程中的各项标准以及施工规范进行严格的要求。须结合工程编制守则以及施工技术标准规范,严格制定每项工程的施工方案。须结合工程的具体内容对施工队伍的人员进行合理调配,各个专业的人才都要配置合理。如此,才能确保整个工程的有序开展,提高最终项目的质量。

整个机电工程从前期的设计到最后的投入运行,其全过程都属于商业项目应考虑的范畴,故机电工程的施工质量对商业项目的质量有着非常大的影响。建设单位对成本的计算极为精确,对技术与施工人员的专业要求亦十分严格。

影响机电工程质量的因素有很多,比如施工过程中所选取的电气设备、施工人员本身的专业素养、施工单位的施工管理办法与方式等。我国当前机电工程施工过程中常存在电气设备的损坏、检验不合格等情况,经常会引发施工安全事故,所以在机电工程施工过程中要严格依据设计方案选取符合标准规范的电气设备。此外,还要提高施工单位的安全责任意识,通过制定完备的责任体制来提高机电工程施工的安全性,进而确保商业项目的安全、顺利开展。

因此,我们在商业项目机电工程施工开始之前首先要对项目各系统及整体的科学性与合理性进行仔细的研究,确保整体机电工程的质量。

1.2 商业项目机电管理的内容

商业项目机电管理的内容一般分为以下几个方面:

首先是在图纸设计阶段时进行的技术管理。因为商业建筑中机电系统设计涉及多方面的专业知识,且各专业之间并非独立存在,而是存在着密切的关联。倘若在设计阶段并未做好各专业之间的统筹协调工作,在施工阶段就会出现相应的问题,这在很大程度上会影响施工的进度与质量。因此,在图纸设计阶段进行相应的技术管控是非常必要且关键的。完善的技术把控是商业地产中各机电系统稳定运行的关键。

其次是现场安装施工技术管理。商业工程中的机电工程须在建筑变电系统、供电系统以及高压系统的基础上完成,这牵涉众多领域,例如给排水专业、消防领域、电梯工程专业、空调通风专业等。在进行商业机电设施的管理过程中,安装施工环节十分重要。为了保证设备设施的安装质量,不仅要在施工过程中做到严格监理,还要对设备设施安装工具进行合理选择,不断改善施工技术等。这对相关的施工人员提出了更高的技术要求。在机电设备设施安装的过程中,不仅要管理约束施工人员的行为,还应提升施工人员的意识。对机电设备设施安装工具的选择应当特别仔细,监管人员也应对各个环节进行认真检查,及时发现错误并纠正,以保证施工质量。

最后是商业机电安装工程中的安全管理。在商业项目中,需要建设全方位、全过程、全员参与的安全管理体系,横向上包括各职能部门,纵向上包括上至项目经理、下至操作工人,在安全方面切实做到人人有责、人人负责。此外还应做好安全管理策划。项目部须组织相关技术人员编制机电安装工程安全施工组织总设计,编制专项工程或分部工程安全施工组织设计,针对较为重要的冷冻机房、水泵房、发电机房、高低压配电室等编制单项工程安全技术方案和措施,分析项目的重点隐患,从制度、人员、材料、设备、技术等方面做出策划和安排,确保商业项目的安全。

1.3 商业项目机电管理的作用

机电工程从前期的设计到最后的投入运行的全过程都属于商业项目的范畴,结合建筑特点和实际需求针对性地开展机电系统管理是商业项目满足建筑功能的多样化需求,实现建筑功能、维系建筑有效运转的必要举措。

前期机电设计关系到商业的初期投资、运维成本及日常管理等多方面,必须科学合理地配置相关的系统。在前期进行机电管理,在系统设计时进行合理配置,能避免设备的重复设置和管线的重复敷设,为商业项目后续施工、运营维护提供一个安全、环保、节能、便于管理、维护方便及环境舒适的条件,更能在保证安全的前提下,在不超项目概算的基础上,使整体的设计思路满足可持续发展的要求,使项目在当前时代背景下获得更具前景的发展空间。

在中期施工阶段,机电管理水平决定着机电工程施工质量。如果管理水平较高,相关的施工人员不仅会具有足够的动力认真施工,而且在施工的过程中能够做到有条不紊,使各项施工细节都能符合工程标准,达到预期目标。优质的施工管理工作是深入每个施工细节的,其可以促进建筑机电工程整体质量的提升以及成本的降低,还能避免后续出现机电安装工程返修问题,大大提高建筑企业的建筑服务质量,对机电工程的顺利实施具有重要意义。

在项目后期运营维护阶段,机电管理为制定合理的运营和维护方案提供长期方案和短期方案,把生命周期的成本最低作为运营维护方案制定的基准和目标。在保证实现商业项目机电工程质量目标和安全目标的前提下,结合现代经营手段和修缮技术,按合同对已投入使用的各类设施实施多功能、全方位的统一管理,为产权人和使用人提供高效、周到的服务,以提高设施的经济价值和实用价值,降低运营和维护成本。

2

商业项目机电系统方案设计

2.1 设计思路

商业建筑具有多种使用功能，内部系统多而繁杂，它是集商业、娱乐、餐饮等多种功能组合为一体的综合建筑形式。在机电管理过程中，总体思路是根据工程本身的性质，遵循科学性、先进性、适宜性、经济性四项原则。

商业建筑内部空间功能复杂，人流量大，一旦发生火灾，火势蔓延迅速且扑救难度较大，由火灾造成的经济损失和人员伤亡情况难以估量，因此备好消防设施尤为重要。根据建筑物的性质、规模，应合理设置防烟、排烟、室外消火栓系统、室内消火栓系统、自动喷水灭火系统、大空间灭火系统、气体灭火系统、消防电源、消防联动等消防灭火系统。

为商业项目提供一个安全、环保、节能、便于管理、维护方便及环境舒适的空调采暖通风系统，在各方面都能让租户、后勤运维人员、前场顾客三个方面人员有比较好的体验感。

在关注行业动向的基础上，在经济合理的原则下应进一步提高节能要求，减少碳排放，重点将制冷机房打造成高效机房，使项目在双碳方面能作为地方标杆并局部引领行业发展。

在保证安全的前提下，在不超项目概算的基础上，整体的设计思路应满足可持续发展的要求，使建筑能耗低，暖通系统安全、高效、节能，并适当引入新工艺、新材料，打造一个体验感好、运维简单、运行成本低的商业综合体。应重点关注厨房油烟的排放，做到既能满足用户的使用要求，又能匹配周边的环境要求。

供配电系统的设计应做到简单可靠，减少电能损耗，便于维护管理，并在满足现有使用要求的同时，适度兼顾未来发展。依据项目的用电负荷性质、用电容量、工程特点、系统规模和发展规划以及当地供电条件，合理确定设计方案。

变配电室的设计应考虑用电容量、供电条件、供电半径、节约电能、安装、运行维护要求等因素，合理确定变配电室的位置及变压器的容量。建筑电气设备和电缆应符合相应产品标准，并考虑节能技术和产品，在满足建筑功能要求的前提下，提高建筑设备及系统的能源利用效率，降低能耗。

商店建筑电气设计应根据零售业态的形式，满足商品展示的环境要求，保障顾客和商品的安全,为销售和管理人员提供高效便捷的工作条件。商店电气设计需符合国家现行有关标准及地方标准的规定。

消防电系统应具有先进性和适用性:系统的技术性能和质量指标均应达到国际先进水平,且在安装调试、软件编程和操作使用各方面均简便易行,并适合建筑特点,达到最佳的性价比。在系统设计时应明确与建筑设备监控系统、安防系统之间的接口界面,且系统各项技术规范均符合相关要求。

设备和管线应符合相应产品标准,并考虑节能技术和产品,在满足建筑功能要求的前提下,提高建筑设备及系统的利用效率,降低价格及能耗。

在设计火灾自动报警系统时预留该系统与综合信息共享管理系统之间的信息数据交换接口,系统的各项规范均符合相应要求。

在系统设计时应合理配置,考虑整个系统的统筹配置,避免设备的重复设置和管线的重复敷设等。在系统设计时应保留足够的冗余度:探测点与控制点的容量及回路卡的设置应保留不少于10%的扩展容量。

2.2 设计原则

结合上述设计思路,下文以南京苏城地产 G99 商业项目(图 2-1)为例,对暖通空调系统、给排水、消防、强电系统四项关键机电系统的机电设计原则进行总结,并在 2.3 部分给出项目具体机电系统的简介与说明。

图 2-1 南京苏城地产 G99 商业项目效果图

项目名称:南京苏城地产 G99 商业项目。

建设地点:南京江宁高新区。

建筑概况:建筑用地面积 95 711.01 m²,总建筑面积 81 472 m²;其中地上六层,建筑面积 43 710 m²;地下三层,建筑面积 42 084 m²。

项目业态:商业综合体。

2.2.1　暖通空调系统

1)冷热源及其系统

根据本项目特点和一般商管的要求,建议冷热源按照以下原则来配置:电影院、超市、社区等特殊业态分别设置独立的冷热源,同时大系统预留超市、影院接入热源条件的可能性。电影院空调冷热源采用风冷热泵机组,机组设置在影院大厅屋面。该区域冷源为组合式涡旋式风冷热泵模块机组(自带水力模块)。超市空调冷热源采用风冷热泵机组,机组设置在靠近超市区域的顶层屋面,设置组合式涡旋式风冷热泵模块机组(自带水力模块)。KTV、社区服务中心各功能房间、电梯机房、机房值班室、消防控制室等采用多联机或分体空调,就近布置在室外屋顶或服务区域的周边区域。

本项目周边没有市政热力条件,结合项目的热量需要设置真空锅炉作为本项目的热源。

2)水系统

商业综合体区域采用一次泵变流量系统,从分集水器处按照综合体不同的空调机组、风机盘管划分出 2 个水平环路。

3)竖向温度梯度的应对措施及处理方法

适当加大底层末端的机组的负荷,按照富余 10% 选型,顶层有可见光的中庭周边区域按照加大末端负荷冷指标配置设备。装有透明玻璃的中庭区域建筑须考虑内遮阳措施,既能节能又能避免顶层相关区域过热。主要出入口的外门考虑设置风幕或旋转门来阻挡无组织气流侵入。连通上屋面的中庭区域顶部须设置集中排风系统。排风机采用变频排风机:夏季根据顶部区域的温度调节频率;过渡季节按照风量平衡的室内外压差调节频率;冬季不开启。中庭气流组织采用半高位喷口侧送风、半高位侧回风的形式,南侧玻璃盒子气流组织采用半高位喷口侧送风、低位回风的形式。

2.2.2 给排水系统

1）给水系统

本项目给水水源为城市自来水，供水系统须充分利用市政水压直供，如首层、二层及地下室；其他市政水压无法满足的楼层采用二次加压供水。结合经济性合理设置二次加压变频供水泵组和供水生活泵房的大小及位置。本项目业态种类多，给水需求分散，须尽量明确各功能区域的用水需求。除必要的给水条件外，还须配合招商预留给水条件。

2）热水系统设计

本商业综合体热水用水点分散且规模较小，热水需求不稳定且用水时段不固定，不宜设置集中热水系统。例如商业综合体中的快餐店、饮品店（如咖啡、奶茶等店铺）等，宜在店铺内安装小型水加热器供应生活热水，由承租方根据其需求自行安装。

3）生活排水系统

本商业综合体排水系统采用污废水分流系统。须单独设置餐饮排水系统，餐饮废水经成品隔油器处理后排放至室外污水管网；地下室范围内不能依靠重力排出的污废水可采用潜水泵、密闭污水提升装置等排出。

卫生防疫：排水系统均不得造成污废水的泄漏或泛溢，均不得污染室内空气、食材等。如建筑为满足流线需要，有本层卫生间落于下层餐饮厨房上方的情况，在方案设计阶段应及时提出并采取合理的规避方案，避免招租确定后影响餐厅的正常营业。

招租灵活性：为了满足开发商商管部门对不同租户预留排水条件的要求，如预留卫生间、手盆及餐饮厨房的排水条件等，应结合商管策划业态分布，确定合理的排水条件的预留方案。

4）雨水系统

重要的公共建筑屋面雨水设计重现期不小于 10 年，并考虑溢流设施。商业建筑的下沉广场、下沉庭院等区域的设计重现期按不小于 100 年复核计算。

本商业建筑屋面面积大，雨水排水量大，屋面雨水排水采用虹吸式屋面雨水排水系统，该系统能迅速、及时地将屋面雨水排至室外管道系统。若采用重力流雨水排水系统，势必需要多根排水立管，对商业使用空间影响较大。采用虹吸式雨水排水系统减少了雨水管道的数量,甚至也节省了工程投资。

雨水控制及利用:为满足低影响开发控制目标及指标要求,采取"渗、滞、蓄、净、用、排"等多种技术,合理设置下凹绿地、透水铺装、植草沟、调蓄设施并采用雨水断接等技术措施,以实现雨水控制目标,保护、修复生态系统,减少暴雨时排入市政管网的雨水总量,缓解市政管网的排水压力,使建筑场地内不积水、不倒灌。收集的雨水经处理达到用水水质要求后,可用于绿化浇灌、地面冲洗等,也可作为场地内景观水系的补水水源。

5)新技术、新材料

本项目对新技术、新材料的应用主要包括以下两点:

① 推广及普及新型给排水管材;

② 推广节水型卫生器具与配水器具。

采用陶瓷阀芯加气节水龙头;公共卫生间水龙头均采用光电感应式节水龙头;坐便器、蹲便器采用设有大、小便分档的冲洗水箱;采用感应式或脚踏式、自闭式冲洗阀蹲便器;坐便器每次冲洗量不大于 5 L;公共卫生间小便器采用感应式小便冲洗阀;绿化灌溉采用喷灌方式,设置土壤湿度感应器,雨天自动关闭灌溉系统;按用途设置计量装置;总水表设有数据上传监测系统。

2.2.3 强电系统

1)变配电系统

市政电源须保障双重电源供电,即保证一路电源因故障停电时,另外一路电源不应同时受到损坏。

根据负荷指标、各业态面积划分及设备专业提资进行负荷计算,并最终确定变压器配置容量。根据建筑规划确定变配电室的位置,使各变电所位置设置在负荷中心,且便于设备运输及管线布置。进出线方式应符合当地供电局的要求。

低压配电系统应具有供电可靠性、灵活性、安全性,并满足检修方便及减少损耗等要求。低压配电柜以放射式或树干式,将电能经强电竖井分别送至各用电点。影院、超市、健身房、儿童娱乐主力店采用放射式供电,并在所属区域内设置专用的配电间。商业区域采取封闭母线或电缆干线分区的供电方式。低压配电系统各级须考虑设计余量。商业各出租用电单元采用脉冲式远传电表或预付费插卡电表进行分户用电计量,纳入独立远传系统或就地计量,以满足物业的内部核算要求。

2)电气照明系统

按照国家照明规范考虑照度值,设置消防应急照明及疏散指示系统,并预留相应配电容量。所有照明控制方式既要满足管理需求,也要满足节能、经济性要求。灯具选型须根据使用场所的要求确定。主力店、商铺等租户户内照明均由小业主自行设计

3)防雷接地系统

防雷装置包括防直击雷击、防侧击雷、防雷击电磁脉冲和防高电位侵入装置,并设置总等电位联结,确保接地安全可靠。本工程进入室内的金属管道及金属物的顶端和底端与防雷装置连接。

接地系统须考虑低压供电接地系统、保护接地系统、防雷接地系统、弱电及电信接地系统、总等电位及局部等电位联结接地系统。各层电井、设备机房、更衣间、卫生间、厨房等区域应设置局部等电位联结系统。锅炉房、燃气表间等易爆炸场所要设置防静电接地装置。

4)节能与环保

合理选择变压器的容量,确保变压器在经济运行方式下运行;选用低损耗、低噪声的节能变压器;在变电所集中设置无功电容补偿柜,提高功率因数,减少电能损失。

选择节能型 LED 照明光源,并采用节能型控制方式(智能照明控制方式与传统照明控制方式相结合)。

将制冷站、空调系统设备、给排水系统设备、电梯纳入楼宇控制系统,对各类设备的运行状况、安全状况、能源使用状况等实行综合自动监测、控制与管理,进一步实现建筑设备节能运行。

2.2.4 消防系统

1)消防给水系统

室外消火栓系统:由于本项目只有一路市政供水,故须设置室外消防水池储存室外消防用水,由消防供水泵组提升的方式来供应室外消火栓用水。同时室外消防水池应设置消防取水口,供消防车取水。

室内消火栓：室内消火栓作为必要的消防灭火救援设施，应按规范正常设置。其与装修设计的结合是一个难点，既要满足便于操作取用的原则，又要兼顾装修效果。消火栓箱若采用暗装形式，则不能破坏隔墙的耐火性能，其正面不得有遮挡，并应有明显的"消火栓"标识。消火栓的设置须与室内设计协调配合，得到最优方案。

自动喷淋系统：自动喷淋系统是一种在发生火灾时，能自动打开喷头喷水灭火并同时发出火灾报警信号的消防灭火设施。自动喷淋系统具有自动喷水、自动报警和初期灭火降温等功能，并且可以和其他消防设施同步联动工作，因此能有效控制、扑灭初期火灾。装修阶段需根据装修效果来合理确定喷头的形式及布置点位。

大空间灭火系统：商业综合体的中庭净高若超过 18 m，自动喷淋系统则不能满足灭火需求。对于此类高大空间场所，项目中采用大空间灭火系统替代自动喷淋系统。例如，项目较多采用自动扫描射水高空水炮灭火装置，其智能型探测组件可有效地探测或判定火源，使其能够准确迅速灭火。该装置可结合室内装饰效果布置，不应受到障碍物的阻挡，应保证其能够有效喷水。

2）消防电

（1）设置场所

火灾自动报警系统一般设置在易对生命和财产造成危害的火灾危险场所，可用于人员居住和经常有人滞留的场所、存放重要物资或燃烧后产生严重污染需要及时报警的场所，均须以规范标准作为下限，对应设置火灾自动报警系统的场所进行设置。

火灾自动报警系统与自动灭火系统、消防应急照明系统、疏散指示系统、防排烟系统及防火分隔系统等其他消防分类设备一起构成了完整的建筑消防系统。

（2）触发方式

在系统设计中，火灾自动报警系统应设有自动和手动两种触发装置。这里所说的自动触发装置包括火灾探测器，手动触发装置包括手动火灾报警按钮等。

（3）兼容性要求

系统中各类设备之间的接口和通信协议的兼容性应满足《火灾自动报警系

统组件兼容性要求》(GB 22134—2008)等国家有关标准的要求,以保证系统的兼容性和可靠性。

(4) 设备和地址总数

根据多年来对各类建筑中设置的火灾自动报警系统的实际运行情况及火灾报警控制器的检验结果的统计分析,任意一台火灾报警控制器所连接的火灾探测器、手动火灾报警按钮和模块等设备总数和地址总数均不应超过 3 200 点,这样,系统的稳定工作情况及通信效果均能较好地满足系统的设计要求。

目前,国内外各厂家生产的火灾报警控制器,每台一般均有多个总线回路。考虑工作稳定性,设计人员在设计时应核算回路编址设备的地址总数,回路地址总数不应超过 200 点。在工程应用中,一个回路地址点只能对应一个独立的设备,不允许采用一个编址探测器母座配接多个非编址探测器,即多个探测器占用一个回路地址的方式。对于一个设备具有多个回路地址编码的情况,如一些厂家的多级报警探测器或多输入输出模块,在进行回路地址数量核算时,应计算每一个设备实际占用的回路地址数量。

考虑到许多建筑从施工图设计到最终的装修设计,建筑平面分隔可能发生变化,需要增加相应的探测器或其他设备,所以应留有不少于额定容量 10%的余量,这也有利于该回路的稳定与可靠运行。为了保障系统工作的稳定性、可靠性,规范对消防联动控制器所连接的模块地址数量也做出了限制,任意一台消防联动控制器地址总数或火灾报警控制器(联动型)所控制的各类模块总数不应超过 1 600 点,每一联动总线回路连接设备的总数不宜超过 100 点,且应留有不少于额定容量 10%的余量。这样的规定除考虑系统工作的稳定性、可靠性外,还可灵活应对建筑中相应的变化和修改,而不至于因为局部的变化需要增加总线回路。

(5) 总线短路隔离的设置要求

在总线制火灾自动报警系统中,往往会出现某个现场部件故障而导致整个报警回路全线瘫痪的情况,所以将总线短路隔离器串入总线的各段或主线与支线的节点处,一旦某个现场部件出现故障,隔离器就会将发生故障的总线部分与整个回路隔离开来,以保证回路的其他部分能够正常工作,以最大限度地保障系统的整体功能不受故障部件的影响。当故障部件修复后,短路隔离器可自行恢复工作并将被隔离出去的部分重新纳入系统。

新《火灾自动报警系统设计规范》(GB 50116—2013)规定:系统总线上应设置总线短路隔离器,每只总线短路隔离器保护的火灾探测器、手动火灾报警按钮和模块等消防设备的总数不应超过 32 点。总线穿越防火分区时,应在穿越处设置总线短路隔离器。

3)防排烟

按照国标要求,应在需要设置机械加压的楼梯间、楼梯前室、消防电梯前室、合用前室的区域设置加压系统,使各区域的超压值能满足要求。

对于人员停留的功能区域,应按照防火分区的情况设置机械排烟系统。对于火灾较难控制的中庭区域、电影院等,应设置对应的机械排烟系统,在地上封闭的区域应设置对应的补风系统,以得到较好的控烟效果。

3

暖通系统技术管理要点

3.1 燃气(真空)热水锅炉

3.1.1 总则

本章详述有关供应、安装及调试由原厂制造的燃气热水锅炉及其附属系统设备所需的各项条件。锅炉须符合当地煤气公司及劳动局的要求。

1)质量保证

须根据国家标准或行业标准对有关燃气热水锅炉进行设计、制造和水压试验,应经中国有关部门认可及批准在中国使用。而有关设备须由可以生产燃气锅炉的厂家生产,须具有超过10套同类型及相等容量的设备,以及成功运行不少于5年的燃气热水锅炉生产经验和记录。

除本章所规定的技术要求外,还须符合《机械设备安装工程施工及验收规范》(GB 50231—2009)、《通风与空调工程施工质量验收规范》(GB 50243—2016)、《建筑给水排水及采暖工程施工质量验收规范》(GB 50242—2002)、《污水综合排放标准》(GB 8978—1996)、《锅炉安全技术规程》(TSG 11—2020)等国家规范要求。

2)交付

(1)提供详细的施工图,内容应包括平面、立面和剖面、尺寸、控制装置、电气接线、管道连接布置和楼面负载要求的装配图。

(2)提供表明锅炉总产热水量、效率、燃气消耗率、燃烧器调节性能工作和试验压力、操作程序、安装和试验步骤的数据。

(3)提供制造厂印刷并装订好的叙述操作步骤和维修程序的操作和维修说明书。其中还包括制造厂推荐的备件清单。

(4)提交核准的锅炉试验证明一式三份。

(5)提交由当地政府机关如质量技术监督局等批准使用的文件。

(6)由供货商提供锅炉机械图及基础图。

3.1.2 产品

1)概述

(1)提供和安装原厂装配的整套热水燃气锅炉产品,包括护板、外壳、配件、燃烧器、控制装置、全部线路和耐火材料。锅炉安放在一个由重型钢材构成的基础框架上,并为供水、烟道和电气接线做好准备。

(2) 锅炉应具备设备一览表上规定的功能,并且在运行范围内按燃料总发热量计算的热效率应不少于80%。

2) 锅炉型式

锅炉为火管式,设有自动控制、自动保护强制通风设置,采用当地天然气。

3) 结构

(1) 须采用优质钢管经膨胀和翻边接入管板。

(2) 炉膛须采用高厚度钢材焊成。

(3) 外壳接口应按照英国工业标准(BS)2790 或中国相关标准经焊接构成。

(4) 前后检修门/口应是铰接的,能够开启以便观察和清扫管板和烟管,门上镶有耐用的垫圈以保证与门框是气密配合的。

(5) 隔热效率取决于采用的锅炉类型,但隔热效率应不小于同等温度下50 mm 厚高密度矿渣棉的隔热效率。

(6) 锅炉应全部套在涂漆的钢板(或不锈钢板)外套内,外套颜色须经业主授权代表同意。

(7) 内置热交换器,材质要求为铜或不锈钢。

(8) 锅炉应安装在钢结构底座上,并由焊在锅炉外壳上的钢支架支承。为了便于运输,在锅炉的底座上焊有合适的起重吊耳。

(9) 检测孔设在锅炉炉体的上部,以便检测锅炉水位及淤泥。

(10) 锅炉前后设有耐高温玻璃火焰观测镜,以便检测锅炉火焰。

4) 装置和设备

每一个锅炉应配有如下的装置和设备:

(1) 安全阀应由当地技术监督局检测合格。

(2) 弹簧式安全阀配以透气和接入漏斗的排水管。

(3) 排水口和冲洗阀各一个,接到排污池。

(4) 带试验表接头的波顿式圆形压力表一只(以兆帕标定压力单位)。

(5) 圆形温度计一支(以摄氏度标定温度单位)。

(6) 带有截止阀及法兰的流量接头一个。

(7) 给水进水法兰接口一个。

（8）烟气出口一个。

（9）低流量切断开关。

（10）压力限制器和压力合/断开关各一个。

（11）两个压力调节器及控制压力开关，以调节压力。

（12）外置防爆门。

（13）燃烧室前后耐热观察孔。

（14）真空仪表。（真空锅炉适用）

（15）抽气开关。（真空锅炉适用）

5）燃气燃烧器

（1）燃烧器应采用进口品牌产品。

（2）燃烧器为正压通风型，可烧当地采用的天然气。

（3）燃烧器备有空气输入调节器、燃气截止阀及点火装置。

（4）燃烧器附设一台强吸空气鼓风机和一个过滤器，以过滤进入炉内的空气。

（5）燃烧器可在整个操作范围内使燃气充分燃烧，并可在低火时燃烧。

（6）每台锅炉的控制盘，应将吸风调节器及燃烧器的控制部分连动，风控的点火电极由风控管及电传感器控制，以确保在点火前供气阀不会打开。

（7）燃气控制器包括气压调节装置、气量限制器、电磁阀、压力计、温度计、气滤器等等。燃气控制器须安装在锅炉前面。

（8）在供气总管上装有一个可截断向燃烧器供气的自动切断阀。

6）燃气燃烧器的控制-比例式数字控制器

（1）所有供燃烧用的空气都由一台马达驱动的鼓风机供给，鼓风机安装于燃烧器的上部。

（2）根据负荷的需要，由一个单制动控制马达控制供给燃烧器的空气含量及计量阀的凸轮，进而控制火的大小。

（3）应设置自动点火装置和熄火保护装置。

（4）点火装置应满足以下规定：

① 每个燃烧器均应配备点火棒，相邻的燃烧器之间可合用一个点火棒，点火棒的胶管长度一般不超过 2 m。

② 燃烧设备结构上若无点火孔，则应给每个燃烧器单独配备点火孔。点火

孔应砌成外小内大的扩缩形斜孔,孔外应设有活动盖板或耐火砖塞子。

③ 点火孔位置应设在燃烧的一侧,它的中心与燃烧器出口中心应水平相交。

④ 每个燃烧器旋塞和点火孔的位置应安排恰当,方便操作。

7)锅炉控制

(1)锅炉运转由一个整体控制系统操作,全自动控制,带手动切换功能。

每台锅炉都配有水温过高、炉压过高自动切断安全装置,与自检电路、导线、切断部件连接。一旦水温及炉压高于正常值,本系统将在锅炉控制板和中心控制板上发出能听见和可看到的警报。

(2)每台锅炉在其前门与眼睛水平部位装有一个封闭式的控制板,此板包括下列开关:

① 可复原的燃烧器启/闭开关。(on/off)

② 燃烧器低/正常火开关。(low/normal)

③ 主要火控制器的手动/关闭/自动选择开关。(hand/off/auto)

④ 可复原的供水泵手动/关闭/自动选择开关。(hand/off/auto)

⑤ 空气鼓风机的启/闭开关。(on/off)

(3)在燃烧过程中应有自动调节装置。

(4)控制板上装有下列控制器和断电器,以便使警报铃发声和使警报灯发亮。

① 低水位限制开关(白灯)。

② 特低水位和熄灭开关(白灯)。

③ 高水位警报和联锁装置(白灯)。

④ 熄灭(红灯)。

(5)在专用锅炉控制板上装有 100 mm 直径的刻度表,以提供下列资料:

① 燃烧器空气压力。

② 炉温。

③ 炉压。

④ 燃气量。

⑤ 烟气成分及温度。

⑥ 预热器出口温度。

（6）设备的启动是按照自动程序，应设有空气预热气，鼓风机向锅炉内吹气，备好引火装置，火也随之点燃。开始时，燃烧器的火焰很小，只有吸风装置处于"开"的位置时，联锁装置才能使气开始燃烧。

（7）控制板安装在锅炉上即可完全防止震动，以预防损坏接触器和电子装置。

（8）须供应、安装锅炉控制板中的供电及控制所需要的电气接线、开关设备、断电器、指示及试验灯，所有这些必须根据英国电气工程师学会的规则及适合于 380 V 三相 50 Hz 交流供电部门的要求。

（9）每个控制板包括下列各项要求：

① 关于信号或控制线路泄漏、错误连接及干烧焊接点引起松动的适当预防措施。

② 所有启动及关闭次序的指示采用氖指示灯及试验线路。

③ 一个主控制线路用来保证安全关闭启动次序，所有线路采用自检查及安全失效的形式。

④ 接线图须清楚表明元件间的连线关系，所有控制接线必须有合适的标号，元件则有永久性标签。

⑤ 开始制造之前，所有综合接线图必须先行得到批准。

⑥ 用三相四线供电，隔离开关须接到开关板。

⑦ 为楼控系统预留通信接口，并提供通信协议。

⑧ 须有记录故障、故障自诊断功能。

3.1.3 实施

1）吊装就位

（1）设备安装期间，供方专业工程师应到现场协助系统总包方进行设备安装的技术指导。

（2）供方免费负责将机组运输至甲方指定地点，吊装就位后进行调试。

（3）务必请具有合格资质且已投保险的专业吊装队伍卸车吊装。

（4）应根据随机文件的要求运送和吊装机组。

（5）吊车支脚必须垫实，确保起吊后不会下沉。起吊前应检查吊具，确保不会在起吊后脱落或断裂。钢丝绳起吊夹角必须小于 90°，并且严禁使用单根钢丝绳起吊。机组吊离车厢面或地面约 20 mm 时,稍做停留,仔细观察确保无问题后再缓缓起吊。

(6) 机组落地要轻缓,严禁冲击着地,任何对机组的冲击与碰撞都绝对禁止。

(7) 机组移动时,应使用圆钢或厚壁钢管,不准使用木棒作滚筒。滚筒下应垫必要的垫板,以避免钢质滚筒对地面造成破坏性损伤。只允许拖拉机组连接走条上的拖拉孔,其他部位严禁承力。提升机组只能使用起重机,且必须在主体前侧或后侧同时提升。设备吊装时只允许连接设备上的吊装孔/部件,其他部位严禁承力。

(8) 在机组到达之前应用混凝土浇筑好基础并校水平,同时提供机组就位方案以及减振方案,实施前应征得监理、总包、甲方等单位的同意。

(9) 就位时直接将机组安放其上,无须用螺栓固定。若机组周围有强震动源或设计有特殊防震要求的,须根据随机文件要求妥善处理。基础必须平整结实,确保不会下沉或超载(当机组置于楼上时)。

(10) 机组就位后,应在 2 h 内进行前、后、左、右水平校正(用透明胶管检测各处水平高度)。水平校正后,最大不平度为 0.8/1 000。如因不迅速垫实机脚并水平校正而造成机组损伤,将由本承包商负责。

(11) 机组走条与基础表面的接触务必严实,承力均匀。若对此不予重视,日后可能出现受力不匀使机体慢性扭伤,造成泄漏,酿成无法挽回的事故,因此绝对不可掉以轻心。

(12) 在运输及安装全过程中应派专人看护机组,严禁无关人员接触机组,严禁拧动机组阀门。若机房尚要进行其他施工,务必在施工完成后再撕开机体保护膜,并防止坠物砸伤机组或污物弄脏机组。切不可划伤油漆或保温层。

2) 安装注意事项

(1) 设备部分的安装应按照制造厂家安装说明书规定的方式进行,以保证设备的正常运行及便于维修。

(2) 为了便于维修及拆除配件,机组须设有足够的检修空间。

(3) 机组基础应平整牢固。

(4) 控制屏应设有原厂电线接头,供所有报警设定、启动开关、检查点等接驳到空调系统中央控制屏。

（5）烟道和烟囱应具有稳定燃烧所需的截面积和结构，在工作温度下应有足够的强度，提供高温凝结水排放措施。

3）试验和启动

（1）设备制造厂应派有 3 年以上经验的专业工程师到现场进行指导安装和调试，直到设备正常运行。

（2）在安装完成和验收时，设备制造厂应派专业工程师驻场 5 d 并提供每天 6 h 的培训课程，以指导业主代表熟悉所有细节，保证他们在设备运行时获得最大的效率。在完成每天的培训课程后都须由业主代表签字确认。

（3）设备调试期间供方专业工程师应到现场协助进行设备调试，直至主机系统正常运行。

3.2 板式热交换器

3.2.1 总则

1）说明

本章说明有关板式热交换器的制造、安装与调试的各项技术要求。

2）一般要求

（1）在运送、储存及安装有关设备期间应采取正确的保护措施，尤其是配备热交换器的换热片及周边的密封条，以确保设备在任何情况下不破损。

（2）热交换器的水管接驳口，在进行接驳前须采取适当保护措施妥善覆盖，以防异物进入。

（3）热交换器的选型及换热功能不能小于设备表所示的要求。

（4）本承包单位须在保修期内每 6 个月对热交换器进行一次清洗。

3）质量保证

（1）板式热交换器应由认可生产板式热交换器的厂家制造。厂家必须具有生产及安装同类型设备的经验，其所生产及安装的设备必须为其常规定型产品并具有 5 年或以上成功运行的记录。

（2）板式热交换器的生产和制造须符合 ASME 标准或《板式热交换器 第 1 部分：可拆卸板式热交换器》(NB/T 47004.1—2017)的有关要求。

（3）在每台板式热交换器上须附有原厂的标志牌，详细标注厂家名称、设备类型、设备生产编号及有关的技术资料。

（4）系统设计、系统的各项指标、系统设备、材料及工艺均须符合本章内所标注的规范/标准，或其他与该标准要求相符的中国或国际认可的规范/标准。

3.2.2 产品

1）概述

（1）板式热交换器须由原厂装配及制造。整个板式热交换器包括一个由低碳钢制成的框架、经由机械加工压铸成人字波纹形的金属传热板片、承托换热片的上下金属导杆、固定面板和活动背板及锁紧螺杆组成。金属换热板边缘和两侧水路通道周边均须采用合适的橡胶垫片作密封。热交换器的各部件必须不含石棉物质。

（2）金属换热板片须分别由顶部和底部的金属导杆吊挂和支承，金属导杆须为高拉力钢棒并经电镀处理制成。

（3）板式热交换器的设计须能保证低碳钢框架的任何部分包括固定面板、活动背板、导杆及锁紧螺杆等，不会与流经板式热交换器两侧的换热介质有任何接触。

（4）板式热交换器的换热功能除须按照设备表内所示的要求选定外，仍须做足够的预留，在毋须对框架、导杆及锁紧螺杆做任何改动的情况下可容许增添相等于原换热功能 20% 的换热板片。制造商须保证在供货后 15 年内仍能供应有关规格的换热板片。

（5）板式热交换器须按高传热效率设计以达到换热板片两侧的设计温差。

（6）初级及次级的出/入水管接驳口须设在板式热交换器的同一侧。

2）构架

（1）框架由低碳钢制成并可固定在水平基础上。框架的设计应容许在板片锁紧螺杆松开时，能提供足够的空间对所有的换热板片进行全面的维修和清洗。

（2）设在固定压紧板面上的初级及次级出/入水接驳口，其内壁须附有橡胶衬里，外侧配有供管道接驳和符合工作压力要求的法兰接口。如接驳口、框架及接驳管道采用不同金属时，则须提供隔离法兰，以避免因不同金属接触而产生电化腐蚀作用。

（3）除换热板片外，整个框架及其他部位均须由原厂做防锈处理，并外加两层经建筑师认可颜色的面漆。

（4）换热板片锁紧螺杆须为高拉力钢并经电镀处理，以外套胶管作保护。

（5）所有用作设备固定的螺栓须为高拉力钢并经电镀处理。

3）板片

（1）换热板片须为厚度不小于 0.5 mm 的 ANIS316 不锈钢板。

（2）在每块换热板片的旁通口周围须提供两道密封垫片，用以隔绝两种换热介质。同时，在最外层密封垫片上设有泄水孔，当第一道密封垫片发生泄漏时可将水排至换热器外，使维修人员及早察觉，以便进行检查维修。

（3）橡胶的密封垫片须按所依附的换热板片设计，须能整片固定及依附在换热板片上，以便于装卸。

（4）板片上的波纹须适合设备表中两种介质的换热，且可以保证 1.0 ℃的换热温差。

（5）除按换热功能要求提供所需的换热板面积外，仍须额外多提供 10％的换热板面积。以避免热交换器于正常运行时因板面出现结垢而影响换热效果。

（6）换热板片的角孔尺寸须大于或等于连接口尺寸。

4）系统压力

板式热交换器须满足图纸要求的工作压力。同时，在制造厂内及工地，须按规范要求进行试验。

5）保护处理措施

（1）所有金属部件，除已经过防锈蚀处理的部件或由防锈蚀金属制成的部件外，均须在厂内按下列标准进行彻底的清洁、防锈蚀处理及涂上外漆。

喷砂清理：SIS-Sa2。

油漆要求：聚氨酯/全天候性保护磁漆。

涂层：最少两层（包括面漆）。

总涂层厚度：不少于 150 μm。

（2）所有因运输或其他原因而令面层油漆受损的板式热交换器，须按制造商的建议进行修补，修补效果须使建筑师满意。

6）反冲洗

（1）提供反冲洗装置，包括反冲洗接驳管道、电动阀门和反冲洗控制器。

（2）反冲洗经由程序式控制系统进行，在进行反冲洗时反冲洗的阀门将会打开而热交换器两侧的进/出水阀门将会联锁关闭。在反冲洗完成后，所有阀门将回到正常操作位置。

7）保温

（1）板式热交换器须采用厚度 50 mm 和密度 48 kg/m³ 的玻璃纤维做保温处理。保温须覆盖整个板式热交换器，包括外框和导杆，而详细的保温方法须提交工程师审批。

（2）同时外加 1.0 mm 厚带花纹的铝片制成易装拆式保护外壳。保温外壳与拉锁铆钉之间应有防水措施，以保证保温物料不被弄湿/潮。

（3）将保温材料紧贴覆盖于设备的外表面并对不规则或弯曲的表面进行规律性填塞，使其不留任何空隙。

（4）保温材料须按不规则设备或弯曲的表面进行剪裁以求紧贴密封。

（5）提供附有金属扣合栓、支架及防水保护层的易装拆型保温金属外壳。

8）工具及工具箱

提供金属工具箱内置的整套附有标注的工具，供维修时使用。

3.2.3 实施

（1）须按图纸装设板式热交换器，并须预留足够的维修操作空间。有关安装程序须遵照厂家提供的建议。

（2）各板式热交换器须提供保温功能，以防热能流失和冷凝水产生。

（3）整个板式热交换器均须做保温处理。在进行保温处理前，须提供有关详图供业主审批。

（4）当换热机房与敏感机房相邻时，在板式热交换器与其基座之间须装设 20 mm 厚的氯丁橡胶垫片（当换热机房不与敏感机房相邻，不须设置橡胶垫片）。所采用的固定螺栓包括垫环和螺帽，均须进行热浸镀锌处理。

3.3 水泵

3.3.1 总则

1）说明

本章规定水泵的制造和安装要求。

2）一般要求

（1）须按照设备表内所标注的技术资料、数量及类别提供合适的水泵。而设备表内所标注的水泵压头只是初步设计概算，仅作招标参照，确实所需的水泵压头须由承包单位重新复核计算确定。有关计算结果须于订购设备前提交给建筑师/工程师审核。但如其后仍发觉所提供的设备与实际系统运作不协调而须对部分设备（水泵、电动机、控制组件、电缆等）做修改或更换以配合时，因返工、整改造成的一切经济损失由承包单位承担。

（2）除上述要求外，本承包商还须按照招标图进行水泵的流量及压头的复核计算，并呈交给建筑师/工程师审核。

（3）在运送、储存及安装时应采取正确的保护设施，以避免水泵因碰撞及锈蚀而损坏。所有损坏的设备将不被接受。

（4）如无特别说明，水泵的工作压力须满足招标图中的要求，试验压力须符合国家相关规范的要求。

（5）须提供完整的水泵配套装置，除水泵外还须包括电动机、驱动轴及钢制底座。

（6）本承包单位须供应及安装所有水泵的减振设施，减振设施应包括防振垫片、惯性基座及所需的工字钢或槽钢、减振弹簧及结构底座架等，使水泵能正常地运行。

3）质量保证

（1）水泵须由专门生产同类型产品的厂家提供，而有关水泵须具有 10 年以上运作良好的纪录。

（2）水泵运转部分必须经静态及动态平衡，并在生产工厂内进行标准试验。

（3）每台水泵应附有原厂的标志牌，详细列明设备系列、型号及编号、制造商名称、各技术数据及生产日期等资料。

（4）系统设计、系统的各项指标、系统设备、材料及工艺均须符合本章内所列规范/标准，或其他与该标准要求相符的中国或国际认可的规范/标准。

3.3.2　产品

1）概述

（1）泵的特性曲线应是显示负载从最大容量到零负载的连续上升特性曲线。无流量时的水泵压头应比设计压头高约 20%。泵应运行在最高效率点附近，并允许在超过设计流量的 25% 的情况下运行仍不超过破坏点。每个泵的最大及最小的叶轮直径的差别不能多于 10%。水泵必须为不含石棉物质的产品。

（2）泵的特性曲线从最大容量到关断点应连续上升。泵的额定工作点流量应在该泵最佳效率点流量左方，并依据 ISO 建议值，使泵的额定工作点流量不得小于该泵最佳效率点流量的 70%，亦不得大于最佳效率点流量的 105%，以避免因长期过载运转或因长期流量不足产生磨损。

（3）双吸泵和端吸泵的效率必须在 80% 以上，以便于节能。

（4）每台水泵须配备一台具有足够负载量的电动机，以保证在不超载的情况下，水泵可在其整个操作范围内维持正常操作。

（5）所有水泵组包括电动机及驱动轴应由同一厂家配套组装，并附原厂的保证书及调试报告证书。若电动机由另一厂家制造，其原厂的保证书亦必须随整组水泵附上。

2）水泵供货范围

供货商须根据图纸及规范要求，供应成套完整的设备。其中包括但并不限于如下所列：

（1）泵体及电动机。

（2）水泵底座。

（3）外包装。

（4）安装维修手册。

（5）变频器。

3）卧式单级双吸泵（流量大于 500 m^3/h 的水泵）

（1）水平对分外壳，单级，双吸水，单涡旋离心型。

（2）驱动轴：由含 12％～13％铬的不锈钢 316 制成。

（3）外壳：承压在 1.6 MPa 及以下采用灰铸铁，牌号不低于 HT250；承压在 1.6 MPa 以上采用球墨铸铁，牌号不低于 QT400。制造过程应符合 GB 或 BS、ASTM 标准。

（4）叶轮：沿海城市采用青铜或不锈钢 316，其他城市采用不锈钢 304 及以上级别，本项目单级双吸泵叶轮采用不锈钢 304。

（5）耐磨环：可替换式，由具足够硬度能防止磨损的青铜制造，设置在外壳及叶轮两边。

（6）轴套（如有）：可替换式，由未经硬化处理的含 12％～13％铬的不锈钢 316 制成，与机械轴封配合使用。

（7）驱动轴须与轴承对位，径向推力轴承油润滑设计可运行不少于 100 000 h。轴承盖上半部分可拆除，并附有溢流孔以防止润滑油过多。轴承在出厂前须以高品质润滑油妥为润滑和包装，以保护轴承免遭损坏。

（8）由碳化钨弹簧、巴氏合金碳座及不锈钢制成的轴封，应可承受有关水泵所要求的压头。每个水泵须同时提供一套备用轴封。

（9）泵和电动机选用全金属自动对位柔性分隔连接器，在拆除叶轮时不会影响电动机的安装。

（10）泵脚与外壳下半部是整体铸造，以便所受的推力能传送到基础上。

（11）所有双吸泵要求可以在不拆卸泵壳的情况下直接更换机械密封。

4）卧式单级端吸泵

卧式径向对分外壳，端部吸水，单级，离心式。泵的转动叶轮连轴承可拆除而不影响所连接的水管及电动机。外壳应是放射式分割，垂直出水及水平吸水。

5）立式多级离心泵

（1）水泵应采用环型立式多级离心泵。

（2）铸铁外壳由金属对金属接头装配。采用青铜/不锈钢叶轮及耐磨环、球式或滚轴式轴承。采用 316（及以上）不锈钢轴及轴套，沿海城市采用不锈钢 316，其他城市采用不锈钢 420，本项目立式多级离心泵轴及轴套采用不锈钢 420。

（3）压盖密封应为足够长度的青铜密封套和颈轴套，配合认可的密封和灯笼圈水封管道。

（4）水泵和电动机间的联轴器应为半弹性的钢锁钉/橡胶轴衬,为精确对准型。应注意,要求联轴器对轴承消震,而不是用于补偿两轴间的偏差。

3.3.3　实施

1）安装

（1）在图纸指定的位置安装水泵,并须预留足够的维修操作空间。

（2）提供钢制框架、惯性减振基座、吊架、固定螺栓及水泵减振器。

（3）卧式水泵应与驱动器等整套装置准确调整并安装于经机械磨光的底座上。

（4）固定泵座的惯性减振基座,须再用弹簧型减振器安装于承托水泵组的结构基座上。

（5）水泵外壳须包裹保温物料。所有的保温层须有外层保护金属外壳（电机除外）,能防止水入侵而破坏保温层。详细的安装方法须提供给建筑师/工程师审核。

（6）每台泵的进出水口两端应设有泄水口和压力表接头,母管上须设置手动排气阀。进出口须配有法兰供管道连接。

（7）在水泵转动部分包括驱动轴、连接器等位置,须装设一个镀锌角铁主框,外覆钢丝的保护罩。保护罩须附有把手以便拆除。

2）工地试测

（1）根据实际操作条件,验证泵的功能是否与图纸及规范要求相符,检查所有线路和接驳口是否完整。测试所有继电器及操控程序。

（2）水泵运行时如发觉产生过量的震动、噪声或产生其他不良反应,须马上进行修理或更换损坏部件并重新进行测试。

（3）联同自动控制制造厂代表测试自动控制系统。

（4）所有测试须有业主或业主方代表、建筑师或工程师在场监督。

（5）水泵运转部分必须在工地进行静态平衡试验。

3.4 风机

3.4.1 总则

1) 说明

本章说明有关风机的安装及调试的各项技术要求。

2) 一般要求

(1) 本承包单位须与风机设备供应商紧密配合,以确保设备得到安全、正确的安装和调试。

(2) 须按照设备表内标注的送风量、数量、用电量及类型选取和提供适合的风机。而在设备表内所标注的风机送风压力,是按施工图设计计算的,仅作为招标参照,而实际所需压力应由承包单位按照所提供设备和管道实际安装的路由计算核定。有关计算结果须提交审核。如其后仍发觉所提供的设备与实际系统运作时不协调,而须对部分设备(风机、电动机、电气设备、电缆等)做修改或更换以配合,所引起的一切费用由承包单位负责。

(3) 在运送、储存及安装有关设备期间应采取正确的保护措施,以确保设备在任何情况下不破损。

(4) 承包单位须提供所有为运送及安装有关设备所必须配备的运送支架、吊架等装置。

(5) 如无特别标明,除消防专用风机外其余所有风机的出风口风速不能超过 10 m/s,以减低噪声。

(6) 须提供所有风机必需的减振设施。减振设施应包括防震垫片、弹簧减振器、弹性吊架等,以使其能顺利地运行。

(7) 除本章所明确的技术要求外,风机的施工及验收还应符合《机械设备安装工程施工及验收通用规范》(GB 50231—2009)以及《风机、压缩机、泵安装工程施工及验收规范》(GB 50275—2010)的要求。

3) 质量保证

(1) 制造厂家须具有 5 年以上生产同类型风机的经验,而有关风机除必须符合有关技术规格要求外,仍须得到业主方的认可。

(2) 所有风机的驱动形式及配件,应按照国家规范要求及参考美国 AMCA 或其他国际认可机构/组织所制定的标准进行设计及试验。

(3) 风机应按照国家规范要求及参考美国 AMCA 标准第 210 的最新版本的要求或其他国际认可机构/组织所制定的标准进行测试。

(4) 风机运行时所产生的噪声应符合国家规范要求。也可参考美国 AMCA 标准或其他国际认可机构/组织所制定的有关送风设备噪声调试的要求。

(5) 每台风机须附有详细标明厂家的名称、设备的型号和编号及有关的技术数据等资料的标志铭牌。

(6) 系统设计、系统各项指标、系统设备、材料及工艺均须符合本章内所列的规范/标准,或其他与所列标准要求相符的中国或国际认可的规范/标准。

4) 资料呈审

(1) 提交由原厂编印的风机特性曲线,显示有关风机的总负荷功能、空气流量与压头、风机功率、噪声水平等技术资料。

(2) 提供完整的设备配件表及原厂建议的后备配件表。

(3) 提供有关风机于工地所进行的试验报告,内容须包括试验时所得的数据和结果。

(4) 提供每一台风机在指定的工作条件下所产生的由 63 Hz 到 8 000 Hz 频带的噪声数据。

(5) 提交由原厂编印的安装、操作及维修手册。

(6) 提交安装大样图,包括风管接驳、减振弹簧、吊架及其他土建要求。

3.4.2 产品

1) 概述

(1) 风机应在其整个操作范围内具有无超负荷的特性。

(2) 大型离心式及轴流式风机须设有吊眼以协助安装。

(3) 风机须在静态及动态时进行平衡调试。

(4) 所有离心式风机的驱动轴末端须预留测试孔以便进行转速测试。

(5) 如无特别标明,电动机及风机转速不可超过 1 450 r/min。

(6) 所有风机及其电动机于正常操作情况下,不能产生太大的震动和噪声。如发觉所产生的震动和噪声超越可接受的程度,承包单位须提供足够的防震和消音措施。

2）轴流、混流风机

（1）按图纸和设备表要求，提供具有直接驱动机翼形叶片设计的轴流式风机。

（2）风机外壳：① 外壳须可完全覆盖电动机和叶轮。外壳在制成后须进行热浸镀锌处理。② 外壳两端须配有接驳柔性接头的法兰连接器。③ 外壳上须设有电源接线盒，以供电源的接驳。④ 防爆风机电源接驳位置及布置必须符合相关国家规范和行业标准要求。

（3）叶轮：① 叶轮应由钢或铝合金压铸制成。② 叶片可以人手调校而无须拆除叶轮。③ 各叶片须能稳固地锁定在旋制的叶壳上。

（4）风机电动机须为全封闭、F 级绝缘及 IP55 防护等级，可在 40℃ 下连续运转。

（5）风机在无须接驳风管时，在其两端须提供一易于装拆的镀锌保护钢网。

（6）风机应配备安装架和减振弹簧或减振器。

（7）风机须配置平均寿命不少于 200 000 h 的轴承。

（8）应通过《一般用途轴流通风机技术条件》（JB/T 10562—2006）的检验。

3）**离心式风机**

（1）按图纸和设备表要求提供前倾/后弯叶片式离心风机。

（2）除特别标明外，如风机工作功率超过 7.5 kW，则须采用后弯叶片风机，其效率不应低于国家节能规范要求。

（3）风机外壳：① 风机外壳应采用厚规镀锌钢板制造，并须适当地加固以避免在正常运作时产生振动。② 如果风机的进风口直径大于 300 mm，则在风机外壳上应加设一扇适合清理及维修用的检修门。③ 风机的出风口须配有接驳风管及柔性接头的法兰。④ 如风机的进风口须接驳风管时，应设有法兰做接驳之用。⑤ 须配有检查门或检视口以观察风机的转动方向。

（4）风机叶轮：① 须按图纸或设备表要求，提供双进风双宽度或单进风单宽度的叶轮和前倾/后弯式叶片。② 叶轮应稳固地附在一实心钢制驱动轴上。

（5）如无特别标明，所有风机的电动机应是全密封式及 F 级绝缘设计，而且适合在 40 ℃ 下连续运作。

（6）风机及电动机应安装在低碳钢槽制底座上，底座须有导轨装置以供调校电动机的位置。

（7）须按驱动电动机功率的 150% 选用"V"形皮带（三角皮带）驱动风机。电动机须采用可调三角皮带轮，以能调节风机速度的 20%。风机的设计功能应接近可调节速度的中间值。皮带速度不超过 25 m/s。

（8）所有外露的皮带驱动装置应加上安全保护外罩，外罩应采用重型钢架加上钢网制成。并预留有检查孔作为测转速之用。

（9）应提供由原厂润滑的自位滚轴式风机轴承。轴承平均寿命须不少于 200 000 h 并配有标准的润滑剂添加嘴。

（10）驱动轴应延伸至驱动侧轴承外，并设有槽键以安装皮带轮。

（11）驱动轴须经防锈处理，并在轴的非工作面上由原厂加上防锈保护涂层。

（12）所有离心式风机应在工地内进行动态平衡的标准试验。

（13）应通过《一般用途离心通风机技术条件》(JB/T 10563—2006) 的检验。

4）箱式离心风机

（1）前/后倾叶片式离心风机、叶轮及外壳应采用镀锌钢板制成。

（2）风机应设有安装架、减振弹簧、风管接驳法兰及气密式检修门等。

（3）箱式离心风机箱箱体要采用复合或双层优质镀锌钢板。箱板须有一层 25 mm 厚的聚氨酯发泡层以降低噪声。外层镀锌钢板的厚度应满足强度要求。

（4）如果风机的进风口直径大于 300 mm，则应在风机外壳上加设一扇适合清理及维修用的检修门。

（5）需配置检查门或检修口以视察风机转动方向。

（6）箱体内有由不燃材料（30 mm 厚玻璃棉）制成的衬里，以满足消声的要求。

5）同轴式离心风机（管道式离心风机）

（1）满足离心风机技术要求。

（2）该风机应适合空间狭小的通风系统，其方形机箱可以水平、垂直或以其他角度灵活地选择安装方式。

（3）风机箱体由加厚镀锌钢板（厚度不小于 1.2 mm）制作成正方形，箱体内部须安装有吸音棉。箱体侧面留有两片可以拆卸的侧板，便于检修箱体内的零件。

6）厨房排油烟风机

（1）除下列要求外，用于厨房通风的风机与本章离心式风机的各项技术要求相同。

（2）箱体式离心式风机的轴承、电动机、传动装置应设在所处理的空气流程外，防止带油或高温蒸汽的气流对电动机、轴承及皮带造成损坏。

（3）由皮带驱动的风机应设有安全保护外罩。

（4）排风机应设有隔油式空气过滤器，而且适合在 80 ℃的气温下运作。

（5）排风机应配备排水位，排水管须设有闸阀并由本承包单位接至最近的排水系统。

3.4.3 实施

（1）在图纸指定的位置安装风机，并预留足够的维修操作空间。

（2）提供减振垫、减振器、弹性吊架等减振设备。

（3）对转动部件如皮带、驱动滑轮、链、连轴节或向外凸出的螺丝等须加以适当保护，以保证维修人员的安全。

（4）所有会锈蚀的配件都须经防锈处理，而同时在进行安装工作时，应防止因不同的金属直接接触而发生的电解作用。

（5）提供足够的永久吊眼，以便安装及维修之用。

（6）在风机运行前，应清洁整个系统。

（7）在安装隔尘网之前要清洁整个系统，而隔尘网须与框架密封。在交给业主接管前应更换所有已经使用及弄污的隔尘网。

（8）当电动机的负载量大于 0.37 kW 时，须设有电流过载保护装备。

（9）大型机组安装完成后应进行风机的调试，包括动态及静态平衡试验，确保没有明显的振动。

（10）风机的驱动滑轮和皮带须装上保护装置，以允许在安全情况下使用转速测量仪表、添加润滑剂和进行其他试验。

（11）排放高温和低温气体（厨房冷库排气等）的风机均须保温，以防止烫伤和防结露。

（12）所有轴承应设有润滑剂添加设施，如轴承是隐蔽式或设于不能接触的位置时，应设有适当的润滑剂添加设施。

（13）在试运行期间如发现机组有震动，应适当地加装支承或防震设备。

（14）在必要情况下，机组安装完成之后，系统正式使用前，须设置必要的保护罩作妥善保护，避免因积尘损坏设备部件或机械外力破坏设备。

3.5 空调机组及新风机组

3.5.1 总则

本节说明有关双层金属外壳的空调机组及新风机组，包括风机段、盘管段、空气加湿器段、空气过滤器段及混合箱段等的生产及安装所需的各项技术要求。

1）一般要求

（1）须按照设备明细表内所标注的冷量、加热量、送风量、新风量、用电量、水流量、水温差等技术要求，选取及提供合适的空调机组及新风机组。承包单位亦有义务核实有关技术资料。

（2）在运送、储存及施工安装有关空调机组及新风机组期间，应采取正确的保护设施，以确保设备在任何情况下不受损坏。空调机组及新风机组的所有出入接口在接驳风管和水管前应有适当的覆盖和保护。空调机组及新风机组的空气过滤器应在安装施工期间拆下并妥善保管。

（3）承包单位亦有义务按照图纸和实际情况，对空调机组及新风机组的送风静压进行复核计算，有关计算结果须于订购设备前提交给设计工程师审核。

（4）供应及安装一组工字槽钢结构底座架，将空调机组及新风机组安放在混凝土基础上，使空调机组及新风机组能顺利运行。

（5）空调机组及新风机组的制冷盘管的空气阻力不能超过 200 Pa，加热盘管的空气阻力不能超过 100 Pa，而流过盘管的风速不能超过 2.5 m/s。同时在盘管下游须设有挡水板。

（6）在工地进行最后清洁前，如需试运行或调试空调机组及新风机组，则应在进行调试的空调机组及新风机组中安装临时的空气过滤器。

（7）承包单位亦应负责有关空调机组及新风机组在日后维护保养期内的维护和维修工作。

2）质量保证

（1）空调机组及新风机组应由被认可的生产空调机组及新风机组的厂家所生产，厂家须具有 5 年以上同类产品的制造经验，所生产的空调机组及新风机组必须符合有关技术要求。

（2）空调机组及新风机组设备须符合下列相关国际认可的机构/组织和中国相关政府机关制定的条例和规范：

① 中国国家各有关部门制定的规范要求。

② 当地政府部门如消防局等制定的规范、法规、条例等。

③ ARI 410 及 ARI 430—1999。

（3）压力试验：盘管应在制造商的厂内进行压力试验。如盘管工作压力小于 1 000 kPa 时，试验压力应为 1 500 kPa；如工作压力大于 1 000 kPa 但小于 1 700 kPa 时，则试验压力应为 2 550 kPa。

（4）每台空调机组及新风机组须附有详细标明厂家名称、设备型号、编号、生产日期及有关的技术数据等资料的铭牌。

（5）空调机组及新风机组的空气过滤器须符合 ASTM E84、NFPA 225 及 UL 723 规范，其防火及烟雾测试结果不应高于：

火焰蔓延：25。

产生烟雾：50。

（6）空调机组及新风机组的系统设计、系统各项指标、系统设备、材料以及工艺均须符合本节内所阐明的规范/标准，或其他与该标准要求相符的中国或国际认可的规范标准。

3.5.2 产品

1）概述

（1）每一台空调机组及新风机组应由同一厂家整体装配生产，其中包括离心式风机、冷/热盘管、空气加湿器、空气过滤器、机壳、进风出风段凝结水接收水盘及其他配件等的安装。空调机必须不含石棉物质。

（2）如无特别标明，应采用抽风式空调机组及新风机组。

（3）空调机组及新风机组在正常运行时所产生的震动及噪声不能超过指定的标准。如高于限值时，承包单位须提供减振和降噪声措施。

（4）所有由厂方提供与安装的保温及消音的材料，必须为当地消防局批准使用的耐火材料。

（5）安装在机体内的风机与电机皆为全封闭式，须根据设备明细表中的要求提供防爆、防潮电机。

（6）空调机组及新风机组的漏风率不大于 1%。

（7）空调机组及新风机组内需有照明：24 V，60 W。

2）机组外壳及配件

（1）所有空调机组及新风机组外壳箱体须为双层金属板结构，内外层分别采用厚度不小于 0.8 mm 及 1.2 mm 的镀锌钢板，中间夹以保温材料拼合安装在坚固的 3 mm 厚的铝框架上，形成坚固、耐用及气密的空调机组及新风机组。框架接合处应有集合位以避免产生"冷桥"现象，面板及框架表面须经防锈处理。

（2）空调机组及新风机组的每一部分如风机、盘管、空气过滤器和混合箱等可独立装于每一分段外壳，并能组装在同一底架上成为一个整体机组。

（3）无论图纸和设备明细表中是否有显示，空调机组及新风机组须带有中间检修段以方便盘管或加热器的维修及清洁。

（4）外壳铝板应为可拆除设计，以方便风机和盘管的检修。为作维修风机及盘管之用，外壳保温钢板应可轻易拆除。在空气过滤器箱体、风机箱体及每组盘管前的检查室中都须设有气密性良好的检修门。检修门为铰式设计并有无冷桥门锁及把手。

（5）须采用镀锌钢螺栓、螺母、螺丝及垫圈。

（6）空调机组及新风机组的外表面须在标准原厂面油上加涂磁漆做全面保护。

（7）空调机组及新风机组保温层：

① 空调机组及新风机组的内外壳板之间须有保温层，其厚度须依据图纸及设备明细表中相应要求提供，并须满足下列要求：

a. 用 50 mm 厚 48 kg/m³ 密度的发泡聚氨酯或其他认可的保温材料作为机组外壳间壁及结构支撑构件的保温层。热传导系数不应超过 0.02 W/m²（低温送风型则不超过 0.015 W/m²）。

b. 用 25 mm 厚 32 kg/m³ 密度的发泡聚氨酯或其他认可的保温材料作为

机组外壳间壁及结构支撑构件的保温层。热传导系数不应超过 0.02 W/m²。

② 保温层需粘在外壳的内表面,同时采用粘着式定位胶锁钉,使保温层在任何风速下不致剥落,并须用黏合剂覆盖暴露的边缘。

③ 保温层须满足以下要求:

a. 保温效能符合欧洲标准 EN 1886 的 T3 等级,冷桥系数须达到 EN 1886 TB2 等级的要求。

b. 所有保温材料及黏合剂应符合标准 NFPA 90 的规定。

④ 所有保温材料及黏合剂应符合当地消防部门的规定。

⑤ 保温材料的里面须涂上合成树胶,空调机组及新风机组的设计不应使保温板内层与外层有直接金属接触,以免出现"冷桥"现象。所有支架亦应有防冷桥设计,以提高保温效能。

(8) 冷凝水接收盘应设于风机、加湿器及盘管下:

① 接收盘应由双层 2 mm 厚的镀锌钢板制成,中夹 25 mm 原发泡聚氨酯保温材料,上层表面须涂上玛蒂脂。

② 冷凝水接收盘左右两侧均须设喉管接驳口,供接驳冷凝水管。

③ 冷凝水管接驳时须设存水弯,存水弯的高度大于新风机外静压产生的水封高度。在设备运作时,凝结水不会因风机运行时所产生的压力而溅出机外。

3) 混合风段

(1) 根据图纸及设备明细表中的要求提供空调机组及新风机组的混合风段。

(2) 混合风段须按照图纸及设备明细表中的要求提供新风接口和回风接口,或者只提供单一的新风/回风接口。

(3) 新风或回风接口须带有连接法兰和原厂配备的多叶对开调节风阀以及操作连杆。新风和回风调节风阀须能够机械联锁控制,并且可连接风阀执行机构。

4) 空气过滤器

(1) 除非图纸和设备明细表中另有特别说明,一般情况下空调机组及新风机组须提供初效和中效空气过滤器。

(2) 初效和中效空气过滤器的过滤效率应能达到图纸和设备明细表中的要求。

3.5.3 实施

1）安装

（1）应按照图纸所示以及制造厂家的安装说明书所规定的方式安装空调机组和新风机组以及各部件，并提供所需钢架、平台和吊钩等辅助设施，以保证设备能够方便地操作、维护、维修和正常运行。

（2）整个空调机组和新风机组应设置有效率达到98％的减振设施。

（3）空调机组和新风机组安装完成后应再进行风机的调试及平衡，确保没有明显的震动。

（4）风机的驱动滑轮和皮带须装上保护装置，以允许在安全情况下使用转速计，添加润滑剂并进行试验。

（5）空调机组和新风机组内部与冷空气接触的部分均须保温，保温材料应设有原厂的保护网，以防止结露和热能流失。

（6）所有轴承也应设有添加润滑剂设备，如轴承是隐蔽的或设于不能接触的位置时，应设有适当的润滑剂添加设施。

（7）在安装永久的空气过滤器前或风机运行前，应把空调机组和新风机组内部清理干净。

（8）每段组件（包括风机、盘管、过滤器、混合风箱等）均须配备检修门，且所有检修门均须为枢纽式开关。

（9）在风机运行前须安装空气过滤器，空气过滤器应与过滤器的框架紧密安装。在系统正式移交业主前应先更换所有不清洁的空气过滤器。

（10）在试运行期间如发现空调机组和新风机组有震动，应适当地加装支承或防震设备。

（11）轴承应该是同轴式，而皮带的速度不能超过 25 m/s。

（12）接驳水管时，须作特别安排以便日后盘管的维修或撤换。

（13）空调机组和新风机组内须配备防水型带罩照明灯具，所有电缆应在金属线管内安装。

（14）承包单位提供的设备须满足下列要求：

① 在每个设于空调机组和新风机组上的压差传感器的位置应有预留孔及橡胶护套。

② 在每个冷、热水盘之后及空调机组和新风机组的入风、送风位置应设有温度计安装位置，显示该段的气温。

③ 冷、热水盘的供/回水管应设有温度计和压力表，显示水的温度和压力。

④ 在配备有加湿器的空调机组和新风机组送风管上须提供湿度计的安装位置。

2）工地测试

（1）根据实际操作条件，验证空调机组和新风机组的功能如送风量及压头等与工程图纸和设备明细表中的要求相符，并经业主、业主代表或项目管理顾问核实合格。承包单位须负责因上述验证要求而须改变配件（如皮带轮、皮带马达）所产生的费用，检查所有线路及接驳口的完整性，测试所有继电器及逻辑电路。

（2）如有过量的震动或噪声，须对空调机组及新风机组进行维修或更换损坏部件并重新进行测试。

（3）联同制造厂代表测试系统。

（4）配合空调自动控制系统和消防联动系统的整体测试。

（5）所有测试须于业主、业主代表或项目管理顾问及设计工程师在场时进行。

3.6　水冷制冷机组

3.6.1　总则

本节说明有关封闭式或开放式水冷制冷机组的制造、安装及调试所需的各项技术要求。

1）一般要求

（1）在运送、储存及安装制冷机组期间应采取正确的保护措施，以确保设备在任何情况下均不会破损。

（2）对制冷机组的冷凝器、蒸发器的水管接驳口须采取适当的保护措施，以防异物进入。

（3）承包单位须为运送及安装制冷机组提供所有必须配备的运送钢支架、

吊架以及固定螺栓等装置。

（4）制冷机组的制冷能力、进出水温度等各项参数须满足设备明细表的各项要求，承包单位亦有义务核实有关资料。

（5）除特别说明外，制冷机组的水侧设备（如蒸发器、冷凝器等）的工作压力及测验压力应符合设备表中所列要求。

（6）制冷机组使用的保温和隔声材料须为防火材料，且满足 NFPA 及当地消防规范的要求。

（7）机组的主要部件、配件均须经过防锈处理，包括不同金属间的隔离，以防止产生电化学腐蚀。

（8）制冷机组所产生的噪声需满足设计要求以及当地环保部门的有关要求。

（9）制冷机组须由先进的制造工艺制造，且设备的预期正常使用寿命不低于 20 年。

（10）制冷机组的能源效率应符合标准 ASHRAE/IESNA 90.1—1999。

2）质量保证

（1）制冷机组的制冷功能应按照如下标准审定：

① ARI 575。

② ARI 550/590。

③ ASHRAE 15—1994。

④ ASHRAE 30—1995。

⑤ 当地有关部门颁布的法规和标准。

（2）制冷机组应由被认可的生产制冷机组的厂家生产，生产厂家须具有超过 10 套已成功运行 5 年或 5 年以上的同类型和相似制冷功能的制冷机生产经验和纪录。制冷机组的生产厂家须具有 ISO 9002 全面质量管理体系的认证。

（3）制冷机组的构造和安全装置应符合美国国家标准协会（ANSI）的 B 9.1 标准。

（4）制冷机组机身应附有生家厂家的铭牌，铭牌应标注厂家的名称、设备的型号、机组编号及有关的技术数据。

（5）制冷机组的系统设计、系统各项指标、系统设备、材料以及工艺均须符合本节内所阐明的规范/标准，或其他与该标准要求相符的中国或国际认可的规范/标准。

3）资料送审

（1）提交由制冷机组生产厂家提供的技术数据，包括有关制冷机组在不同的负荷（至少包含在 25%、50%、75%、100%负荷下）操作情况下的特性曲线，压缩机的耗电量、电气特性、操作步骤、噪声水平（须为 8 倍频率的噪声数据）、水流量、水温和水压差等。

（2）提供由制冷机组生产厂家编印的安装、操作及维修手册，内容应详述有关操作和维修的程序及守则等，并同时提供制冷机组生产厂家建议和要求的制冷机组零备件表。

（3）提供制冷机组于制造厂和工地现场进行的测试报告及证明书，内容须包括试运行测试所得的数据和结果。

（4）提供施工图，详细显示有关制冷机组的安装尺寸、水管接驳尺寸及位置、固定螺栓位置等资料。

（5）提交制冷机组的运输方案，方案中须说明详细的运输方法、设备的重量、保护措施等供业主、业主代表或项目管理顾问审批。

（6）在设备安装前，须提交设备噪声计算报告，以确保制冷机组产生的噪声在许可的范围内。

3.6.2　产品

1）概述

（1）每一个制冷机组应由同一厂家整体装配生产，其中包括变频器、压缩机、封闭或开放式电动机、蒸发器、冷凝器、冷媒流量控制装置、冷媒排气净化器、冷媒排出/进入设备、过流器或转换器、冷媒储液器、电动机启动器，以及安装有关控制装置的控制柜。

（2）制冷机组的所有部件须在工厂内装配完成，包括所有机组内部的管子、电气配线等。在工厂以外装配的制冷机组将不被采用。

（3）制冷机组的蒸发器和冷凝器的进/出水管接管位置参照有关设计图纸的要求。制冷机组须以 R123 或 R134a 作为制冷冷媒。

2）离心式制冷机组

（1）压缩机

① 类型

a. 封闭式：为坚固耐用的全密封，无须轴封；开放式：在驱动轴上配有旋动轴封，有效地防止冷媒或滑润剂泄漏。

b. 压缩机为离心式，压缩级数参照设备明细表中的要求。

c. 额定转速为 8 000 r/min，最高转速不能超过 10 000 r/min。

d. 可依据负荷量实施分阶段调节操作。

② 附件及特点

a. 叶轮：采用高强度铸铝合金或其他具有同等质量的有色金属制成。

b. 转子。

c. 转子制成后须经过动态和静态平衡测试，测试速度须超过其正常转速的 25%。

d. 转子须具有足够的刚度，以防压缩机以正常转速（低于第一临界速度）运行时产生振动。

③ 外壳：采用精密铸铁或其他须认可的同等质量的金属制成。

④ 强制循环润滑系统，由主油泵以电动机或以压缩机经齿轮带动，以保证在电力供应发生故障时仍能维持叶轮轴承之间的油压供应，直到叶轮自身停止转动。

⑤ 负荷自动调节控制系统：

a. 由可变流量的导流叶片控制冷媒的流量，从而实现负荷由 25% 到 100% 的调节控制。在调节过程中制冷机不会因为负荷的变化而产生不稳定状态（喘振）。

b. 制冷循环中，依据 ARI 标准 550—88 的规则，冷却进水温度每下降 1.4 ℃，冷媒流量递减 10%。此是基于在满负荷恒水流量条件下调节压缩机处理气体体积的方法而收效。导流片应由冷冻水出水温度控制。

c. 导流片由不锈钢或有色金属的合金制成，依附于高质量和经过热处理的不锈钢或者有色金属合金制成的轴承。导流片转动部分应具有良好的密封性。

⑥ 于压缩机外壳提供吊环。

（2）润滑油系统

润滑油系统包括下列全部由制冷机组生产厂家安装及试验的装备：

① 油压安全阀。

② 供油循环管道。

③ 模拟或数字显示的压力计。

④ 观察孔。

⑤ 模拟或数字显示的温度计。

⑥ 油压开关。

⑦ 润滑油冷却器:利用冷媒或冷冻水或冷却水进行冷却。

⑧ 润滑油过滤器。

⑨ 贮油池。

⑩ 油加热器,以保持制冷机停止操作时润滑油的温度。

⑪ 油泵:多级压缩型的制冷机组在冷却器产生的冷媒内蒸汽须排走。

(3)蒸发器

① 类型:满液式。

② 外壳:采用冷轧制碳钢钢板焊接而成。

③ 水管:

a. 采用内径为 19 mm,管壁厚度不小于 0.63 mm 的无缝铜管,管外嵌以导热翅片。

b. 管子以机械胀管的方法固定于承托钢板上预制的环形企口孔内。

c. 管子可以单独拆移而不影响管板。

d. 所有管子应可靠地固定于中间的承托钢板上。

④ 承托钢板:

a. 采用可承受系统工作压力的碳素钢制成。

b. 焊接于蒸发器外壳的内壁上。

⑤ 水室:

a. 以高强度碳钢或同等强度的材料制造,且可承受系统工作压力及试验压力。

b. 带有有吊环螺栓的可分拆盖板。

c. 带有 13 mm 的排气及排水接头。

d. 接于外壳两端以防止筒体与水接触。

e. 带有法兰水管接头以接连管道。

f. 附有各种感应及安装温度控制测试仪用的底座。

g. 水管接驳应便于维修,每根管子能单独地被清洁或更换,而无须拆去其他任何管道。

⑥ 导流挡板：

a. 用以防止液态冷媒直接与铜管发生冲击。

b. 将液态冷媒平均分布。

⑦ 挡液板：

a. 采用非铁类金属材料。

b. 装于压缩机入口处以防液态冷媒入侵。

⑧ 安全阀：

a. 类型：可连接泄压管的防爆阀或防爆膜。

b. 若用防爆膜，出口应以柔性接头连接。

c. 应遵守安全措施。

d. 应符合当地有关政府部门颁布的规范、条例的要求。

e. 应符合 ANSI/B 9.1 之机械制冷安全守则的要求。

⑨ 观察镜：以示液态冷媒的液位高度。

⑩ 水流速：铜管内的水流速度不能大于 2 m/s。

⑪ 温度计：可显示冷媒温度。

⑫ 须配有配管箱，以方便管道的连接以及日后制冷机组的维修检查。配管箱的工作压力应不少于蒸发器的规定工作压力。配管箱应适合水平或垂直的水管接驳并设有维修门，可不拆除任何接驳水管进行维修。

（4）冷凝器

① 类型：二回程管壳式。

② 外壳：采用冷轧制碳钢钢板焊接而成。

③ 水管：

a. 采用内径为 19 mm、管壁厚度不小于 0.63 mm 的无缝铜管，管外嵌以导热翅片。

b. 管子以机械胀管的方法固定于承托钢板上预制的环形企口孔内。

c. 管子可以单独拆移而不影响管板。

d. 所有管子应可靠地固定于中间的承托钢板上。

④ 承托钢板：

a. 采用可承受系统工作压力的碳素钢制成。

b. 焊接于蒸发器外壳的内壁上。

⑤ 水室：

a. 以高强度碳钢或同等强度的材料制造，且可承受系统工作压力及试验压力。

b. 带有有吊环螺栓的可分拆盖板。

c. 带有 13 mm 的排气及排水接头。

d. 接于外壳两端以防止筒体与水接触。

e. 带有法兰水管接头以接连管道。

f. 附有各种感应及安装温度控制测试仪用的底座。

g. 水管接驳应便于维修，每根管子能单独地被清洁或更换，而无须拆去其他任何管道。

⑥ 导流挡板：

a. 用以防止液态冷媒直接与铜管发生冲击。

b. 将液态冷媒平均分布。

⑦ 挡液板：

a. 采用非铁类金属材料。

b. 装于压缩机入口处以防液态冷媒入侵。

⑧ 安全阀：

a. 类型：可连接泄压管的防爆阀或防爆膜。

b. 若用防爆膜，出口应以柔性接头连接。

c. 应遵守安全措施。

d. 应符合当地有关政府部门颁布的规范、条例的要求。

e. 应符合 ANSI/B 9.1 之机械制冷安全守则的要求。

⑨ 观察镜：以示液态冷媒的液位高度。

⑩ 水流速：铜管内的水流速度不能大于 2.5 m/s。

⑪ 温度计：可显示冷媒温度。

⑫ 须配有配管箱，以方便管道的连接以及日后制冷机组的维修检查。配管箱的工作压力应不少于冷凝器的规定工作压力。配管箱应适合水平或垂直的水管接驳并设有维修门，可不拆除任何接驳水管进行维修。

（5）排气净化器

① 制冷机组须装配下列净化设备以排出混入冷媒中的空气或水蒸气。

② 排气净化器须以防腐蚀材料制造。

③ 管道：采用非铁类金属材料制造。

④ 排气净化压缩机：往复式或其他获得认可的压缩装置并配有电动机。

⑤ 净化冷凝器：

a. 以冷冻水或冷却水为冷却介质。

b. 盘管：采用非铁类金属材料。

c. 电磁阀：须与净化压缩机联锁。

⑥ 冷媒储液器：

a. 当机器维修时作储放冷媒之用。

b. 依据经认可的安全规格制造。

⑦ 配件包括：

a. 模拟或数字显示的仪表。

b. 指示器。

c. 观察镜。

d. 安全阀。

e. 操作上必需的其他配件。

⑧ 电路及控制：全部应有的电路及控制线路须由厂家接驳并进行试验。

（6）压缩机和电动机

① 压缩机制造厂家要保证电动机的框架结构经特别加固，足以承托叶轮轴承座。

② 转速：额定转速为 3 000 r/min。

③ 采用冷媒或风冷冷却方式。

④ 电动机能承受在连续 20 min 内启动或停止的周期操作而不受损坏。

⑤ 制造厂保证电动机和离心式压缩机能在最大制动马力下连续荷载运行。

3.7 冷却水塔

常用的冷却水塔通常为开式冷却水塔和闭式冷却水塔。本章说明有关冷却水塔的制造所需的各项技术要求。在提供设备之前,有关设备的技术参数、外形尺寸及其他相关要求等均应获得甲方及设计单位认可。

3.7.1 总则

1)一般要求

(1)冷却水塔的最小散热功能必须在最大的设计室外湿球温度下(对空干塔按室外干球温度计算)能满足全负荷时所需的散热要求。同时在室外气温较低时,冷却水塔仍能保持操作,利用已经冷却的水循环经热交换器以产生较低温的冷却水用于免费供冷。

(2)冷却水塔须符合当地环保部门制定的噪声水平相关标准。冷却水塔在独自运行或与其他设备同时运行时必须不超过规定的噪声水平。冷却水塔须为超低噪声型。

(3)在运送、储存及安装有关设备期间应采取正确的保护措施,以确保设备在任何情况下不受损坏。

(4)须提供所有运送及安装冷却水塔所需的配备设施和附件。

(5)当锈蚀发生时,须提供适当的防锈蚀的物料和安装方法,包括不同金属的隔离。

(6)须核实及确认冷却水塔周围环境可满足散热要求,保证设备操作正常。

(7)对空干塔冷却盘管应满足使用防冻液的使用要求。

(8)冷却水塔供货商须提供冷却水塔的减振设施的选型报告。减振装置须在任何正常操作状态下,尤其是在转动机件的最低转速时都可提供足够的减振效果。减振器在任何使用情况下不能与所承托的设备或支架的自然振动频率产生共振反应。

2)质量保证

(1)冷却水塔应由经认可的生产冷却水塔的厂家制造,厂家必须具有生产及安装 10 套或以上同类型和散热功能设备,并能成功地运行 5 年或以上的经验和纪录。

(2)冷却水塔的散热功能应按照设备表要求正常运作。

(3)冷却水塔的外壳应附有原厂的标志牌,标注厂家名称、设备型号、机组编号及有关的技术数据。

（4）冷却水塔应获得 CTI 认证。

3）资料呈审

（1）提供完整的技术规格说明书、施工图及制造厂的技术资料。

① 提交由冷却水塔生产厂家提供的技术数据，包括显示有关冷却水塔的耗电量、电气特性、操作重量、操作程序、安装和调试步骤等。

② 提交经冷却水塔生产厂家认可的冷却水塔噪声水平。

③ 提交噪声计算，以确保有关冷却水塔在所需的操作环境下产生的噪声不会超越有关部门所制定的噪声要求。

（2）提供由生产厂家编印的安装、操作及维修手册，内容详述有关操作和维修的程序及守则等，并同时提供由冷却水塔制造厂建议和要求的冷却水塔后备配件表。

（3）提供于工地进行的冷却水塔试验报告及证明书，内容须包括试运行试验所得的数据和结果。

（4）提供详细的冷却水塔组装的图纸和安装指南。

（5）提交详细的材料表。

（6）提交有关冷却水塔在不同操作情况下的特性曲线。

3.7.2　冷却水塔构造

1）概述

（1）每一台冷却水塔应是完整的产品，包括直接或皮带驱动轴流式风机、进风百叶、冷却水布水器及喷嘴、散热片、填料、隔声网、挡水板等。冷却水塔必须不含石棉物质。

（2）所选取的冷却水塔须适合当地的全年天气状况。

（3）冷却水塔在运送往工地前应通过工厂验收试验、防漏试验。

（4）冷却水塔须将当地的水质和全年气候状况作为选取条件。同时，有关冷却水塔的外壳和结构设计刚度应能抵御当地发生风暴时所引起的强大风力。

2）机械装备

（1）风机：风机应为可调角度多叶轴流螺旋桨式，可提供所需的风量经过冷却水塔以达到最高的冷却效果。风机须经动态和静态平衡校验。

（2）电动机：风机的电动机应为全天候式专供室外使用，并应是全封闭式冷却水塔专用电机,应在冷却水塔所有机械装备及配件安装调校定位妥当后才进行安装。

(3)应提供双速式(或变频式)电动机,以便风机在制冷系统部分负载时采用低速运行。一方面,可减低风机所产生的噪声;另一方面,可节省能源。若为变频式电动机,则须提供相关控制柜及设备。

(4)风机如使用皮带驱动,须按电动机功率的150%选用"V"形皮带(三角皮带)驱动风机。电动机须采用可调三角皮带轮,以能调节风机速度的20%。风机的设计功能应接近可调节速度的中间值,皮带速度不超过25 m/s。

(5)驱动轴须用实心经打磨及抛光的钢材制造。驱动轴须经防锈处理,并在轴的非工作面上由原厂加上防锈保护涂层。

(6)冷却水塔须有原厂配备的防震自动停机装置。当冷却水塔发生不正常的震动时,该装置能使风机的电动机停止运行。

(7)润滑油添加装置须为原厂的设计,容易检查及添加润滑油至所有机械设备。

3)结构构造

(1)结构支架:整个冷却水塔的结构支架须为原厂制造,并须由螺栓拼合而成,其设计应可承受任何强风吹袭。

(2)冷却水塔所有外露或与潮湿空气接触的金属构件,必须经热浸镀锌处理后外加铬酸锌铝作保护。构件须采用不锈钢或经认可的经过防锈蚀处理的金属螺栓及螺帽作拼合。

(3)本体及集水底盘:须为不锈钢材质,能防紫外线、抗老化、难脱色。配有所需的配附件及管道接口,包括溢流管、排空管、排污管、出水口连反旋涡挡板及过滤器、冷却水塔系统平衡管接口、补水接口连浮球阀、清扫检查口等。为防止集水盘在冬季停止操作时结冰,冷却水塔须配有电浸入式加热器,配以控制元件包括恒温控制器、温度感应器及低水位断路器等。

(4)填充垫片及挡水板:填充垫片及挡水板由PVC塑料薄片堆叠而成,须经抗燃、防腐蚀及防生物滋生处理。挡水板的设置须保证冷却水塔的失水率不大于循环水量的0.01%。

(5)分水系统:开放自然重力布水形式,水分送喷水管须由FRP制成并配有塑料雾化定径喷嘴,均匀地将水分布流经填充垫片。

（6）安全及维修配置：在适当的位置提供检修口、爬梯和围栏以便维修。

3.8 中央冷冻站自动群控系统

3.8.1 总则

1）概述

（1）本节说明有关中央冷冻站自动群控系统的安装及调试所需的各项技术要求。

（2）本承包单位须提供制冷机组自动群控系统，本系统须为制冷机的原厂开发产品。系统以计算机作为控制界面，以直接数字控制作为各机组设备的控制单元，通过网络控制器组成中央制冷机房自动监控系统。本系统必须可通过高阶接口读取制冷机的内部数据，并通过高阶接口将有关数据传送至楼宇中央管理系统。

（3）本系统须能监控多台制冷机组、冷冻水循环水泵、冷却水循环水泵、冷却水塔等相关电动阀门等，以达到以下所述有关中央制冷及冷冻水供应系统的操作要求。

（4）系统将负责冷冻机组的群控以及各台冷冻机的启停顺序，负责冷冻水侧各环路冷冻水循环水泵的控制，记录机组的各项数据，进行整个系统的能量计量和分析，并负责各机组的保护控制功能。

（5）承包单位须按照高效机房的设定目标及其实际深化供货的设备，完成整个制冷站的群控逻辑及编程，在常规模块的基础上结合实际产品型号、系统配置来完成系统的编程。同时，编程须考虑室内负荷的各阶段范围、末端需求、冷机的性能曲线、室外的干湿球温度、水泵的能耗、冷却水塔的能耗来跟进系统的控制，保证系统运行在高效区域，且须提供全年负荷模拟工况下的理论能效比，即使在实际有施工偏差、调试、传感器采取信号的偏差等综合情况下，也能实现高效机房年能效比不小于 5.0 的目标。

（6）系统须与各单台冷冻机组自身的控制系统相配合，与其进行数据的传送和控制命令的发送和接受，并与本项目的楼宇自控管理系统联网，实现数据的共享和监测。

2）一般要求

（1）按相关设计图纸、点表，提供自动控制系统设备。

（2）所有电力装置必须符合图纸及规范要求。

（3）设备应包括但不限于以下：

① 所有探测线、控制线和通信导线，所有需用其他系统的接口（包括相应的协议支持软件）以及连接件、接线架等。

② 全部所需传感器及相应的变送器、温度传感器、湿度传感器、风速传感器、压力传感器、压差传感器、水流量传感器、电压变送器、电流变送器、功率变送器、功率因数变送器、频率变送器等。

③ 全部所需的电动阀门、电动调节阀及阀门所配套的执行器。

④ 全部所需的供电系统，包括 DDC 控制器的配电。

⑤ 全部所需软件：操作软件、应用软件、三维动画和图形生成软件、数据库管理软件、报表软件、维护与管理软件、网络通信管理软件及面向用户的开发软件等。

⑥ 供应其他为保证系统正常安装、调试、验收、运行所必需的设备、附件、工具和材料。

（4）自动控制系统可包括自动的、电机的、电子的、气动的以及不同系统的配合，以便满足不同的安装要求。

（5）当发生电力故障或其他不正常的操作情况时，控制系统中内置的故障防护设备，应防止潜在的危险情况发生。

（6）承包单位应按工程的使用要求，提供中央制冷机组自动群控系统的设计、安装及系统调试服务，以确保该系统全面正常运行。系统须用中文运作。

（7）所供应的产品应是生产厂家最新一代产品，具有原厂的质量合格证明书。全系统应采用同一厂家产品，若在交货、安装及使用过程中发现有非同一厂家产品，业主有权要求承包单位无条件予以更换，并承担所产生的一切费用。另外，有关用电的产品须符合国际标准，如 UL、BS、IEC。

（8）本承包单位应提供整个中央制冷机组自动群控系统所需的设备，列出详细的设备目录（名称、型号、规格、数量、单价）。所供产品的性能和技术规格应符合设计要求，其质量应是优质可靠的。

（9）所有控制设备，特别是电子类的，不可储藏在工地上。只有在准备安装的情况下才可运送到工地。

（10）在工程建造期间,应为控制设备提供足够的保护措施,防止机械和腐蚀的破坏。

3）质量保证

（1）制造商资格:能够供给具有至少 5 年制造同类控制设备经验的制造商所生产的直接数码控制及自动控制系统。

（2）必须在制造商直接监督下对控制设备进行安装、试验及调整。

（3）控制系统的安装必须由具有经验的机械技术员负责。

（4）供应所有需要的项目,使安装在各方面能完整、安全并适合经常性操作和使用。

（5）交付。

（6）提供各系统及控制板的所有材料和设备的齐全样本资料和施工大样图,包括接线路和控制系统图。

（7）提交下列项目作为操作说明的部分:

① 各系统的电器系统图表和统一各内外部分,并以图表编号。

② 附加上详细线路系统图表及所有图表编号。

③ 操作程序。

④ 联锁程序。

⑤ 警报的操作。

（8）提交操作和维修说明书。

（9）提交一份完整的关于内外组成部分零件的一览表。

（10）提交详细的控制说明、控制点表、设备材料清单。

3.8.2　中央冷冻站自动群控系统操作说明

1）总则

（1）下列有关中央冷冻站自动群控系统操作的一般说明应结合本工程自控设计说明、系统图纸、控制点表等详细资料来阅读。如各项资料有互相不能对应的情况,承包单位应及时提出并请设计单位确认,并依据确认的结果进行投标以及进行深化设计和施工,以下内容作为施工深化设计的参考。

（2）承包单位应根据本工程自控设计说明、系统图纸、控制点表等详细资料进行中央冷冻站自动群控系统的二次深化设计,并须经过业主、业主代表、项目管理顾问、设计单位确认。

(3)承包单位须按照设计说明或者图纸要求,提供中央冷冻站自动群控系统与空调、采暖及通风自动控制系统(ATC)或楼宇自控管理系统(BAS)的接口以及数据共享和传输等设备,满足使用要求。

(4)按照相关设计说明及图纸要求,中央冷冻站自动群控系统应包括(但不限于):冷冻机组、冷却水塔、循环水泵、自然水冷却系统换热器、补水定压设备、水箱、水处理设备、蓄冷设备、热回收设备、中间换热设备(解决承压)等。

(5)由直接数字控制系统端执行一切有关控制。

(6)每台制冷机组的操作和控制,请参照相关说明和要求。

2)系统组成

(1)冷源采用离心制冷机组和螺杆制冷机组,以及与之相对应的横流冷却水塔。

(2)冷冻水为一次泵变流量系统,水泵采用变频控制。

(3)冷却水系统为变流量系统。

(4)其他辅助设备,如软化水设备、水箱、水处理器、补水定压设备等。

3)系统操作说明

(1)在中央制冷系统运作中,各冷冻机组、冷却水塔风机的启/停和其电动阀门的开/关,以及冷冻水循环泵、冷却水循环泵启/停和其电动阀门的开/关应是对应的,并应联锁控制。

(2)当任何一台制冷机组须投入服务时,首先应联动一组冷冻水泵,并开启设在该制冷机冷冻出水管上的电动开关控制阀。当装设在冷冻管上的水流感应器感应到流经蒸发器的水流确立后,控制器才可发出指令联动冷却水泵、冷却水塔及设在该制冷机冷却出水管的电动开关控制阀。当装设在冷却管道上的水流感应器感应到流经冷凝器的水流确立后,控制器将发出指令联动制冷机组。

(3)冷冻机组关机的顺序与上述相反。

(4)提供先后过程控制器,以控制制冷机组和水泵的开关顺序。控制器应具备"自动跳控"功能,当被指令联动的制冷机组或水泵不能如常联动时,控制器须自动启动另一台制冷机组或水泵。

（5）所有电动开关控制阀门须配有开/关触点，以便将有关的状态信号反馈给控制器。而水流指示器的状态反馈信号亦须经时间延时器，以确保水流确立的信号稳定可靠。

（6）冷却水塔的控制

① 在冷却供水主管设温度传感器，用以调校设在冷却水供回水主管道间控制温差的旁通调节阀门，使能维持最少的冷却水回水温度，以便在天气寒冷的早上能开动冷冻机组。冷却水温度不能低于 15 ℃。

② 当冷却水回水温度低于 25 ℃时，冷却水塔风扇应按次序降频、调为低速、停止工作；当冷却水回水温度低于 20 ℃时，应逐步打开并加大冷却水塔旁通调节阀的开度。当冷却水塔集水盘的水温低于 5 ℃时，电浸入式加热器应该开始工作，防止池水结冰。

（7）冷冻水循环泵控制

① 冷冻水系统为一次泵变流量系统。

② 冷冻水供回水主管道间设置压差感应器。当正常运作时，在冷冻供水主管和回水主管之间测出有水压差高于设定值时，控制冷冻水循环泵转速调校，使冷冻水减少流量来维持正常的系统压力；反之则执行相反的操作。在冷冻水供回水主管道间设旁通管道以及电动调节阀，以满足冷冻机组最低流量保护的需要。

（8）冷冻机组启停控制

① 冷冻水为一次泵变流量系统。

② 系统计量冷冻水供水和回水的流量及温度差，计算出实际负荷需求。利用控制系统控制冷冻机组、冷却水塔及相应水泵的加载和卸载以及运行台数。

③ 所有电动开关控制阀门须配有开/关触点，以作为阀门状态显示和联锁程控。所有水流探测感应器亦须配有延时器。

④ 在中央制冷系统控制屏须设有遥控的开关选择按钮，以操控有关水泵、制冷机、冷却水塔及所有相关的电动阀门及设备。而同时各有关设备的操作状态须显示在中央制冷系统控制屏的仿真显示板上。中央控制屏须同时设有声光显示警报装置和试验及复位按钮，以便系统设备发生故障时能发出声光警报信号。

⑤ 各冷冻机组的温度控制及机组的各项保护控制措施由各机组的控制屏

负责。

⑥ 每台制冷机组、水泵及冷却水塔须配有机组运转时间定时器,以便控制器或操作人员能平均安排各机组设备的运行时间和程序。

(9) 其他设备系统操作说明

① 封闭循环水系统补水

a. 所有封闭循环水系统以气压补水装置作为系统补水。

气压补水装置由设备自带控制器进行控制,如按照事先设定好的系统压力控制点反馈信号来控制气压罐的压力增加或减少以及补水泵的启停。有关气压补水装置的运作状态以及系统压力检测、故障报警须返回 ATC 系统并显示。

b. 膨胀水箱

膨胀水箱须监视水箱内高低水位状态、控制补水阀的开关,如膨胀水箱安装于室外则应根据室外温度控制水箱电加热开关。水箱的所有控制以及报警均由 ATC 系统操作,并显示于 ATC 系统内。

c. 补水泵

系统补水泵由 ATC 系统控制,根据系统压力变化或者水箱水位状态控制补水泵启停,补水泵状态以及故障报警显示于 ATC 系统。

② 冷却水系统补水

开放式补给水箱或者冷却水塔开放式水盘须设有液位指示器,于有关水箱或水盘的水位超过预定的最高和最低位置时发出信号,并控制补水管道电动阀的开关。

3.8.3 产品

1) 一般说明

(1) 所有显示于系统示意图上或系统信号表中作度量的感应器,流量量度的仪器例如温度感应器、压力感应器、过滤器压差报警器及所需配件等,除另有规定外,均须由承包单位供应及安装。

(2) 除另有规定外,承包单位须按示意图或信号表所示供应及安装由感应器、过滤器压差报警器及流量度量设备至控制器组件所需的布线。

(3) 承包单位须供应及安装由各接触点至本地电动机控制箱/柜内的接线

端子排所需的布线。

（4）本承包单位须供应及安装独立的数据收集处理机、DDC控制器及所需的用作温度控制、远控、监察及能与系统控制及其他收集处理组件沟通的装置。上述设备及装置须安放在由空调、采暖和通风系统的自动控制系统承包单位提供的由工厂制作的箱内。

（5）DDC控制器须为以软件为基础的组件，用以控制设备。空调、采暖和通风系统的自动控制系统须由软件互锁，时间程控或操作员控制指令启动/停止及监察每一台设备的状态。

（6）空调、采暖和通风系统的自动控制系统须量度及记录空气或水的温度、压力及流量感应器的仿真数值。

（7）空调、采暖和通风系统须提供数字信号以控制供热/冷却水阀或最终控制的组件。

（8）承包单位须提供在本地电动机控制箱/柜上的本地/停止/远程选择开关。当选择开关转至"远程"制式时，空调、采暖和通风系统的自动控制系统的中央控制主机须能对设备进行远控及监察。

（9）在设计控制程序时，承包单位须阅读设计说明、系统示意图说明书内的有关部分。

（10）空调、采暖和通风系统的自动控制系统须包含有关的硬件及软件。当收到火灾警报时，能执行与空调、采暖及通风系统有关及其他有需要的互锁联动功能。

2）本地控制箱/柜

（1）每个冷水机组、水泵按图纸指示，提供本地控制箱/柜。

（2）控制箱/柜除提供一切配电、启动过载保护及速度控制装置外，亦应提供本地/停止/远程控制选择装置。

（3）控制箱/柜应在制造厂家中完成内部接线连接线座和/或管道，使其可以在工地上安装。

（4）所有按钮、读数、指示灯和指示灯试验按钮应在面板上齐平安装。所有电力控制器、继电器、开关等应装置在控制箱/柜内。

3）控制阀门

（1）按图纸所示以及为满足系统控制要求，提供所需的控制阀门。

（2）所有控制阀门应配有可调校式执行器，并在图纸所示地方安装。所有阀门的工作压力依照设计图纸中系统工作压力说明执行。

（3）所有阀门的大小应由自动控制系统制造厂家按照本节有关要求选取，以确保能做全调节操作。如果所提供的控制阀的尺寸与接驳管道尺寸有区别，则需提供连接管道所需的变径管接配件。

（4）在控制阀门全开启的情况下的水压降，通常应是受控制设备（例如水盘管）的 50%。

（5）控制阀门一般应为常闭式（除特别说明外）、单阀座式，具有导向笼、不锈钢阀杆、铸铁主体连阀门导向指示、同比率 V 形旋塞，阀门应属工业型。

（6）在每一个阀门执行器上须提供阀门开启指示器，以显示阀门的开关状态。

（7）风机盘管（变风量箱）控制阀：

① 风机盘管控制操作阀的操控器须是电磁型，适用于系统正常电源操作。

② 控制阀应有常闭式阀门，主体带连接器供管道接驳。

③ 阀门执行器必须是绝对无声操作型。阀门的额定水压降应不大于 1 m，而在工作压力不少于 16 MPa 时可提供不少于 0.3 MPa 的关闭压力。

④ 阀门执行器须设有手动/自动操控装置，以便在系统试运转时，控制阀能以机械性完全开启，并能在试调完毕后恢复自动控制方式。

4）自动流量控制阀

（1）按照图纸所示位置，为满足系统控制所需，提供自动流量控制阀。

（2）所有自动流量控制阀的大小应由制造厂家按系统运作要求选取。如果提供的控制阀的尺寸与相连的管道尺寸有区别，则应提供所需的变径管接配件。

（3）自动流量控制阀的工作压力须与系统工作压力相同。

（4）自动流量控制阀须在水路系统的压力改变时，能起到自动平衡作用，以保证系统需要的水流量。

5）压差式控制阀

（1）按图纸所示，为满足系统控制要求在供水与回水主管道之间安装压差控制装置及旁通阀。

（2）所有阀门的大小应由自动控制系统制造厂家按照本节有关要求选取，

以确保能做全调节操作。如果所提供的控制阀的尺寸与接驳管道尺寸有区别,则须提供连接管道所需的变径管接配件。

(3) 在控制阀门全开启的情况下的水压降,通常应是受控制设备(例如水盘管)的 50%。

(4) 控制阀门一般应为常闭式(除特别说明外)、单阀座式、导向笼、不锈钢阀杆、生铁阀门,控制阀门主体与导向指示信号连接。

(5) 在每一个阀门执行器上提供阀门开启指示器,以显示阀门的开关状态。

(6) 阀门由压差控制器控制系统压力变化,以宽带正比例操控调节,并具有设定点调整功能。阀门须附有显示指针,包括操作过程变化显示指针及高限位设定的红色指针。

(7) 阀门须在系统压差达到预计的压差值时完全开启。阀门在全开启状态下的容许通过流量等于有关系统的一台循环水泵的 100% 额定流量。

(8) 在压差式控制阀装设一备用旁通球阀,当控制阀操作上出现问题时可以手动控制。

6) 温度控制器

(1) 控制器应为抗锈蚀的结构,适宜于一般设备机房的较差环境条件下操作,而不会影响控制器的正常功能。

(2) 电子控制器须具零位及比例调校,并配备有光度随控制器调节而变化的指示灯。控制器须输出信号来调节控制阀,所有调校装置须作隐蔽安排。

(3) 当需要有双输入控制器时,补偿式传感器的操控权只能在控制器做调整。

7) 温度传感器

(1) 管装式或浸探式温度传感器必须适合应用于如各施工图所指出的工作温度及压力。传感器测量范围的选择应尽可能使有关设定点在感应范围的中点,传感器必须是防腐蚀结构,适合固定于震动的表面。

(2) 浸探式传感器须安装于盛有导热填充剂的不锈钢或铜制探井内,并盛有导热混合物。探井口应经常高于平衡线以防止混合物外溢。

(3) 防干预式结构传感器必须由制造商在厂内按要求调校妥当。

(4) 当探井插座的位置距离地面超过 2 m 时,须提供遥远传感组件配以温度表及压力表作显示。

（5）风管温度传感器的感应范围为－5～50 ℃。冷水管温度传感器的感应范围为 0～30 ℃。

8）电动阀门执行器（水管用）

（1）为各工程施工图所示的每一个控制阀门提供及安装适当的电动执行器。

（2）除特别说明外，电动阀门在电源中断时须自动回到全闭状态。

（3）电动执行器须在制造厂商的监督下于厂里或在现场进行安装。

（4）每一个阀门执行器须附有手动转轮，并须在阀门执行器电控操作时自动脱离。

（5）执行器必须可以在任何阀门固定位置上操作，同时可以与管线呈直向或横向安装。

（6）如采用电动蝶阀时，执行器须能够用螺栓直接固定在蝶阀顶部，而不需任何附加的支架、连杆或连接装置。

（7）如执行器安装于室外时，须提供经建筑师批准的由镀锌钢板制成的可拆卸外罩。

（8）电动执行器必须是全封闭式，外部并无可动部分。执行器必须是齿轮式操作，以提供恒定转矩。

（9）操控器应有信号输出/输入，供给 ATC 系统和/或其他系统监控。

（10）电动阀门执行装置包括：执行电动机、磁力电动机控制器、控制电路变压器、内置反向接触器、开合转矩和限位开关、内置式开—合—停瞬间接触按钮、开—合位置指示灯、供遥控接线的接线栓，所有配件须由厂家装配及接于一个封闭外壳内，并适用于 24 V、单相、50 Hz 直流操作电源。

（11）须提供高速和转矩型的电动机。电动机除了具有足够的负荷量以配合阀门操作要求外，其线圈绝缘等级须为 IEEE B 级。提供内置式过热负载保护，所有电动阀门均以可调定时器控制开关，开合时间不小于 1 min 但不能超过 2 min。

9）电子式能量计

（1）电子式能量计及其配附件的安装须严格按照生产厂商的要求在现场进行。

（2）电子式能量计应为超声波型或电磁型，使用 220 V 单相电源。能量计应包括流量传感器、一对温度传感器、能量计算通信模块及符合 IP 54 的外壳。流量计与管道之间应采用法兰连接。

（3）能量计的测量范围应为额定流量的 10% 至额定流量的 150%。流量计的测量精密度不少于 5%。

（4）能量计可输出配合 ATC 系统的电压/电流/脉冲信号，以便 ATC 系统测量记录相应的用电量。若有关的能量计输出的信号不能配合 ATC 系统，则因附设有关设备产生的额外费用应由承包单位承担。

10）气流静压力变送器

（1）压力变送器的安装需要严格按生产商所定的指引进行。

（2）压力变送器应为"膜盒式"设计，而"电热式"的压力变送器将不被接受。

（3）所选用的压力变送器的测量范围须与系统相配合。

11）流量计

（1）在图纸要求的地方，于冷冻水、冷却水及空调热水系统中装置电磁式流量计，用以量度水流量。

（2）电磁式流量计为 KROHNE DWM 2000、SIEMENS 或经认可的同类产品。

（3）电磁式流量计须有 4～20 mA 信号输出，以供远端连续输出测量的水流量至空调、采暖及通风自动控制系统。

（4）传感器应由 316 不锈钢构成，外加瓷质保护，整个流量计的防护等级须为 IP66。

（5）流量计的误差不可超过量度数值的 2%。

（6）承包单位应按照制造厂的要求放置及安装流量计，确保准确度不受水管布置的影响。

3.8.4　实施

1）安装

（1）将设备及其附属物在提供的空间就位安装，并使其可以正常操作和维护。

（2）在自动控制设备制造厂的监督下安装整个自动控制系统，包括控制设备及其接线。

（3）水阀门的执行器须稳固地安装，使执行器在负载操作时偏离其正常操作轨迹。

（4）将传感器组件及管槽传感器放到正确位置安装，使其能准确反应管槽内或外壳内有代表性的温度。

（5）在管道外侧安装管道传感器及远程传送器：

① 当管道有保温层时，传感器应在保温层外面齐平固定，使得潮湿的空气不会在传感器或支撑上凝结。

② 安装管道探测毛细管及接线时，须尽量避免其穿越保温层。

③ 当接线穿过保温层时，要正确封补保温层。

（6）控制线路的接线须以金属电线管或柔性线管作为保护。应将控制线路打圈并将多出的长度固定在线路之外。

（7）固定每一个控制箱，其底部要离地面 1 200 mm。

① 大型控制柜的后面应离墙 1 000 mm 以便维修。

② 所有控制组件、仪表、温度计及继电器等应在控制箱面板齐平安装。

③ 所有线路安装须妥当安排，以便于操作和维修。

（8）在每一控制箱内或附近，须提供镶以框架的控制系统示意图。

2）现场质量控制

（1）在有关安装完成后，须提供一个有丰富控制系统操作经验的合格工程师来进行系统试验和验收，并为业主提供下列指导：

① 以不少于 10 个连续的 8 小时工作日，提供操作指导。

② 提交不少于 5 份完整的操作和维修保养手册，清楚地编著以便在正式操作时参考。

a. 应包括系统的描述与背景资料，以及有关系统各部分的调校、设定、更换及修理的完整程序和步骤。

b. 将有关手册作为系统培训教材。

③ 训练工作人员做系统的预防性维修，以及通过观测系统所发出的声光信号辨别控制系统设施的不正确操作。

（2）配合中央制冷站内各设备调试及试运行。

（3）所有用于测试、验收的仪器、物料、人员等费用须由承包单位负责，该费用须被视为已包括在合约内。

（4）所有测试及验收记录须由业主、业主代表或项目管理顾问在测试及验收期签名做实。所有测试及验收记录、设施、装置证明书及过往运作记录等须交回业主、业主代表或项目管理顾问做记录。该记录须有足够证据证明本系统功能正常。

4

强电系统技术管理要点

4.1 低压配电柜

4.1.1 总则

1）说明

（1）低压配电柜须为独立接地、可延伸的多屏式，由断路器、熔断器、继电器、母线、控制器等组成。整套低压配电柜须适用于项目所规定的工作条件，满足招标图纸的要求。

（2）如出线位置受到地板结构封堵，开关柜的布置应配合安排。

（3）柜间的母排连接，以满足相关规范及现场环境为重点，经审批通过后由工程承包单位提供并完成。

（4）低压配电柜在竣工验收前如有名称等调整，承包单位负有免费配合更换铭牌的责任。铭牌须为厂家原厂铭牌，与本项目先前提供的一致。

2）保证质量的特殊要求

（1）低压配电柜须为经过《低压成套开关设备和控制设备 第 1 部分：总则》（GB 7251.1—2013）所规定的定型试验的组合装置，由专业制造低压配电屏的工厂生产，并在厂内组装和试验。

（2）低压配电柜及其附属设备包括开关装置，控制开关、母线组装须证明符合规定的负载类别。其机械结构须与其他经合格的试验机构对短路故障条件及温升限度等进行定型试验的低压配电柜相同。有关出厂试验的中文技术资料和文件、定型试验的证书影印本、图纸和试验报告均须经审阅以证明符合上述要求。

（3）所有低压配电柜及其附属设备包括开关装置等，须由经认可的国家级测试机构证明其短路容量符合以上规定。且所有产品须获得国家主管部门颁发的 3C 认证证书。

4.1.2 低压配电柜安装

1）低压配电柜安装前的技术条件

（1）低压配电柜安装前建筑工程须具备的条件

① 屋顶、楼板施工完毕,不得渗漏。结束室内地面施工工程,室内沟道无积水、杂物。

② 预埋件及预留孔符合设计要求,预埋件须牢固。门窗安装完毕(门须向外开),须符合防火要求。

③ 进行装饰工作时有可能损坏已安装设备,或设备安装后不能再进行施工的装饰工作结束。

④ 所有装饰工作完毕,须清扫干净。

⑤ 装有空调或通风装置等特殊设施的低压配电柜,须安装完毕后投入运行。

⑥ 与低压配电柜安装有关的建筑物、构筑物的土建工程质量须符合国家现行的建筑工程施工及验收规范中的有关规定。当设备或设计有特殊要求时,须达到设计要求。

(2) 设备和材料要求

① 采用的设备和器材必须是符合国家现行技术标准的合格产品,并有合格证件。

② 设备安装用的紧固件,须用镀锌制品,并采用标准件。

2) 低压配电柜施工安装

(1) 设备开箱点件

① 设备开箱点件须由建设单位或监理单位组织施工单位、生产厂家进行,并做好清点记录。

② 设备和器材到达现场后,须在规定期限内作验收检查,并符合下列要求:

a. 包装及密封良好。

b. 开箱检查型号、规格符合设计要求,设备无损伤,附件、备件齐全,设备清单与实物核对账物相符。

c. 产品的技术文件齐全。

d. 按照《电气装置安装工程盘、柜及二次回路接线施工及验收规范》(GB 50171—2012)的要求对设备外观进行检查。

(2) 低压成套配电柜安装要求

① 配电柜的布置必须遵循安全、可靠、经济适用等原则,并便于操作、搬运维修、试验监测和接线工作的进行。

② 配电柜本体及柜内设备与各构件间连接须牢固。柜本体须有明显、可靠

的接地装置,装有电器的可开启的柜门须用软导线与接地的金属构架作可靠的连接。成套柜装有供携带式接地线使用的固定设施。

③ 配电柜的漆层须完整、无损伤,固定电器的支架等均须刷漆。安装于同一室内且经常监视的柜,其颜色须协调一致。

(3)配电柜安装前的检查

① 根据设备清单检查低压配电柜、型号、规格及是否符合设计要求,配件是否齐全完整,柜的排列顺序号是否正确。柜体漆层须完好无损,多台配电柜的颜色须一致。

② 制造厂供货时须提供相关文件及附件,包括装箱单、产品合格证、使用说明书、出厂试验报告、有关电气安装图、柜门钥匙、操作手柄及合同单规定的备品备件。

③ 柜内配线须接头牢固,器件与导线排列整齐,绑扎成束,但绑扎不可采用金属材料。

④ 低压瓷件表面严禁有裂纹缺损和瓷釉损坏等缺陷。

⑤ 柜内母排的排列间距、线色、接触面压接等都须符合国家现行施工验收规范的规定。

⑥ 柜内二次配线须编号,且字迹清晰,不易褪色。

⑦ 柜内所有开关须开启、闭合灵活,接触紧密,并在其侧标明控制回路及容量。

⑧ 柜内所使用的螺丝、螺母、垫圈等紧固件均采用镀锌件。所有接线端子与电器设备连接时,均须加垫圈和防松弹簧垫圈。

⑨ 低压配电柜与金属线槽或插接母线连接处(接口处)须采用成品接口。加工自制接口须与配电柜连接严密美观,并须符合国家现行验收规范的规定。

3)低压配电屏调试运行验收

(1)调试运行前的检查

① 检查柜内工具、杂物,并将柜体内外清扫干净。

② 电器组件各紧固螺丝牢固,刀开关、空气开关等操作机构须灵活,不可出现卡滞或操作力用力过大的现象。

③ 开关电器的通断是否可靠,接触面接触是否良好,辅助接点通断是否准确可靠。

④ 电工指示仪表与互感器的变比,极性须连接正确可靠。

⑤ 母线连接须良好,其绝缘支撑件、安装件及附件须安装牢固可靠。

⑥ 熔断器的熔芯规格选用是否正确,继电器的整定值是否符合设计要求,动作是否准确可靠。

⑦ 绝缘电阻摇测,测量母线线间和对地电阻,测量二次线线间和对地电阻,须符合现行国家施工验收规范的规定。在测量二次回路电阻时,不可损坏其他半导体组件,摇测绝缘电阻时须将其断开。绝缘电阻摇测时须做好记录。

⑧ 低压开关柜有联络柜双路电源供电时须进行并列核实相序,并做好核相记录。

(2) 低压配电柜试送电运行

① 经过上述检查确认无误后,根据试送电操作安全程序组织施工人员进行送电操作,并请无关人员远离操作室。

② 低压开关柜空载试运行:

a. 由电工按程序逐一送电,并观察电工指示仪表电压、电流空载指示情况。如发现异常声响或局部发热等现象须及时停电进行处理解决,并将实际情况如实记录在空载运行记录上。

b. 低压开关柜带负荷试运行。经过空载运行后,可加负荷至全负载进行试运行,经观察电压、电流随负荷变化无异常现象,经 24 h 试运行无故障即可投入正常运行,并做好调试记录。

c. 正常运行时须注意各台断路器,经过多次合、分后主触头局部是否烧伤和产生碳类物质,如出现上述现象须进行处理或更换断路器。

(3) 在竣工验收时须按下列要求检查:

① 柜的固定及接地须可靠,柜漆层完好,清洁整齐。

② 柜内所装电器组件须齐全完好,安装位置正确,固定牢固。

③ 所有二次回路接线须准确,连接可靠,标志齐全清晰,绝缘符合要求。

④ 抽屉式开关柜在推入或拉出时灵活,机械闭锁可靠,照明装置齐全。

⑤ 柜内一次设备的安装质量验收要求须符合国家现行有关标准规范的规定。

⑥ 用于热带地区的柜须具有防潮、抗霉和耐热性能,按国家现行标准《热带电工产品通用技术》的要求验收。

⑦ 柜及电缆管道安装后,须做好封堵。可能结冰的地区还须有防止管内积水结冰的措施。

⑧ 操作及联动试验正确,符合设计要求。

(4)在验收时,须提交下列资料和文件:

① 工程竣工图。

② 变更设计的证明文件。

③ 制造厂提供的产品说明书、调试大纲试验方法、试验记录、合格证书及安装图纸等技术文件。

④ 根据合同提供的备品备件清单。

⑤ 安装技术记录。

⑥ 调整试验记录。

⑦ 质量验评资料,绝缘电阻摇测资料。

4.2 配电箱(柜)

4.2.1 总则

1)说明

(1)按招标图纸所示和以下规定提供照明及动力配电箱(柜)。

(2)按招标图纸,如由于电缆截面过大,不可能直接终接到所指定的配电设备上时,必须设置电缆分线箱或分线室进行终接(再通过截面较小的电缆连接到配电装置上)。如需此类电缆分线箱或分线室,本承包单位必须在加工前根据招标图纸并与设计人确定最终的电缆、开关规格以及设备额定值后,提出详细的建议并进行报批,且须承诺不会因此而增加费用。

(3)供弱电、消防系统使用干接点的中间继电器亦包含在本承包单位范围内。

(4)配电箱在竣工验收前如有名称调整,本承包单位负有免费配合更换铭牌的责任,铭牌须为厂家原厂铭牌。

2)保证质量的特殊要求

(1)所有设备的设计、制造、测试和安装必须遵循国家现行有关标准和规范。防护等级符合《外壳防护等级（IP）代码》（GB/T 4208—2017）。每一种提供的设备须按相应 GB（或 IEC）的规定经过定型试验并出具证明。证明书须由有声誉而独立的试验所和权力机构签发，以证明产品的质量。

（2）所有设备及其附属设备包括开关装置等须由认可的国家级测试机构证明其短路容量符合以上规定。且所有产品须获得国家主管部门颁发的 3C 认证证书。

（3）作为一个完整项目的设备，配电箱（柜）须由同一厂商制造或在许可下制造，须提出足够的证据，以证明整个组装产品具有同样的保证。

（4）所有配电箱（柜）的铭牌须按设计的名称代号（若图纸中已标明），并在供货时在底壳和芯子上标上名称代号。商户内明装的配电箱的铭牌须设置在箱内二层板上，不在箱门面上安装。所有配电箱（柜）在安装完成后，配电箱（柜）体防腐层如有损坏须由供应商来现场修复。

（5）配电箱（柜）内主要元器件按照技术参数表后附元件选型要求进行配置。箱（柜）体尺寸及内部排布由供应商在加工前与工程承包商根据设计要求核实。

（6）供货商应保证采用先进的技术、优质器材和元器件，严格要求装配工艺，为业主提供质量上乘、外表美观并完全符合业主规定质量、规格、性能要求的产品。

3）文件报送

在工程进行中的适当阶段，至少须报送下列文件供审批：

（1）设备和部件表，制造厂商数据，包括每一类型和额定值的断路器和熔断器的时间——电流曲线和定型试验证书、试验文件。

（2）MCB（微型断路器）在预期短路电流下的最大通过能量及截止电流峰值。

（3）设备室内设备布置协调图。

（4）对建筑及结构的要求。

（5）标签和电路记录卡细则。

（6）控制线路图（包括预留弱电接口）。

（7）所有产品供货前应将相关资料呈审业主方，应取得业主各相关方审批通过，封样后方可生产、供货。对于产品供应不符合业主要求而造成的设备更换、工期延长，业主方不会增加任何费用。因此，若工期延误对项目产生影响，那么业主方将保留索偿权利。

4.2.2　设备要求

1）模制外壳断路器箱（MCCB 箱）

（1）MCCB 箱须为工厂组装，按照户内干燥场、户内潮湿机房、户外场所用，提供满足不同安装场所的箱体结构、防护等级，须完全符合国家标准《低压成套开关设备和控制设备 第 1 部分：总则》（GB 7251.1—2013）的要求。所有的 MCCB 箱须能承受不小于所规定的 MCCB 额定短路容量电流，而不致遭受永久性的损坏。

（2）MCCB 箱须为全封闭型，适合于表面安装。箱和门体的外壳采用厚度不小于 1.5 mm 冷轧钢板或敷铝锌板制成，室外外壳采用厚度不小于 1.5 mm 的 304 不锈钢制成。箱体表面须做防腐处理，户内采用高质量焙漆，户外采用喷塑处理。门上须装防尘垫，装以扣锁或其他相同经批准的锁。

（3）整个外壳须符合《外壳防护等级（IP 代码）》（GB/T 4208—2017）的规定。

① 室内干燥场所须达到 IP41 的要求。

② 室外须达到 IP54 的要求，例如室外屋面、园林景观、室外天井、雨篷或挑板、雨水调蓄池等。

③ 室内潮湿场所，例如消防水泵房、生活水泵房、中水泵房、换热机房、制冷机房、垃圾房、地库入口等有防水要求的配电箱、柜防护等级不低于 IP55 的要求。

④ 锅炉房、燃气阀门间等须符合防爆要求的规定。

（4）工厂组装的 MCCB 箱设备须包括所规定额定电流的镀锡铜母线，具有足够截面多接线端的中性线和地线母排。

（5）所有带电部件须从前面加以屏蔽。

（6）为了使带电部分和电线在打开前门板时能完全屏蔽，所有在箱内的电线、母线等都须加以遮护，装设两层门。只有 MCCB 操作手把和其周围的绝缘部分可突出在屏蔽和面板上。在相与相之间和相与中性线之间须加装绝缘隔板。

(7) 须使连接每个输出回路的中性终端和相线终端的安排次序相同。

(8) 须配备有多接线端的保护导线,每一个接线端供一个 MCCB 线路。

(9) 须配置一个接地端子,使箱体可以接地。接地端子须适合于内接或外接。

(10) MCCB 箱须配置立式三极中性铜母线,其额定电流不小于进线保护装置的电流。排骨式 MCCB 箱须配置排骨式汇流铜排,套热缩套管并加绝缘罩。母线、母线固定支架和母线接线的布置须承受不少于 25 kA 一秒短路分断容量的型式试验。

(11) 所有的 MCCB 箱须有清晰的标牌,并有相别标记。在每个箱门内须附有回路记录卡。该卡可更换,并用透明薄片加以保护。记录卡用以记录每个输出回路的名称、电缆截面和实际电流值、MCCB 箱的额定电流和每个 MCCB 箱电路所服务的点数及范围。

2) 微型断路器箱(MCB 箱)

(1) 微型断路器箱须为供应商本厂组装,完全符合 GB 7251.1—2013 的所有要求。所有的 MCB 箱须能承受不小于 MCB 所规定的额定断路容量的通过故障电流,而不致遭受永久性的损坏。

(2) 材质要求:制作配电箱(柜)体的钢板室内须采用镀锌钢板,室外须采用 304 不锈钢。采用酸洗、磷化工艺处理后,户内箱采用高质量焙漆防腐处理,户外箱采用喷塑防腐处理。明装配电箱箱板厚度不小于 1.5 mm,暗装配电箱箱板厚度不小于 1.2 mm。配电箱(柜)体不设敲落孔,且明装箱后板须预留后进线位置开口。门须装有防尘垫,配以弹珠锁或相同经批准的锁。

(3) 整个外壳防护等级符合《外壳防护等级(IP 代码)》(GB/T 4208—2017)的规定:

① 室内干燥场所须达到 IP41 的要求。

② 室外须达到 IP54 的要求,例如室外屋面、园林景观、室外天井、雨篷或挑板、雨水调蓄池等。

③ 室内潮湿场所,例如消防水泵房、生活水泵房、中水泵房、换热机房、制冷机房、垃圾房、地库入口等有防水要求的配电箱、柜,防护等级须不低于 IP55 的要求。

④ 锅炉房、燃气阀门间等须符合防爆要求的规定。

（4）配电箱（柜）中须根据招标图纸所示的额定电流配置足够截面的镀锌铜母排，并具有足够截面和满足不同进出线接线多接线端的中性线和地线母排。

（5）打开前门板时，所有在箱内的电线、母排等带电部件都须加以遮护，用2.0 mm厚的阻燃绝缘前护板将带电部分和电线完全屏蔽。只有MCB操作手把和其周围的绝缘部分可突出在面板上。在相与相间和相与中性线之间须加绝缘隔板。

（6）负荷开关须符合国标，使用类别AC—22A。电流型漏电装置须符合国标并能承受足够长时间的短路电流以使MCB工作。

（7）终端的安排次序须使连接每个输出回路的中性线终端和相线终端的安排次序相同。

（8）须配备有多接线端的保护导线，每一个接线端供一回MCB线路。

（9）须配置一个接地端子，使箱体具备接地条件。接地端子须用内六角螺栓连接。

（10）本工程配电箱在外形尺寸上要求：箱体宽度应尽量减小，最大不宜超过招投标图纸中所标示的尺寸。如有异议，回标时应明确提供箱体尺寸与招标图不符的设备清单，标明箱体编号、招标图中的尺寸及需要的尺寸。

（11）每个配电箱均按最终所接回路提供说明，以标牌及接线图的模式附于每个箱内，元件型号规格、回路名称、相序等信息必须与实际准确相符。须配备有多接线端的保护导线，每一个接线端供一回MCB线路。

（12）部分配电箱含有楼控及消防联动功能，其与操作继电器等相关设备的连接统一在厂内完成。

（13）箱体表面颜色须根据业主的要求提供色板供业主选择，并按要求制作样箱供业主确认。

3）升降机供电屏

（1）升降机配电箱须为独立的墙装或落地式箱型组装的成套装置，装有自动转换开关、母线箱、熔断器开关、井道照明变压器和配电箱，作为升降机电动机、升降机厢、升降机井和升降机井坑内小动力和照明供电用途。

（2）由其他单位提供的中央监视和控制系统（CMCS）将监视、控制和记录开关装置的状态。所有连接到的状态和控制线路须引至调度箱，由其中的CMCS设备收集起来。全部状态和控制的分界须为成对的常开和常闭的干接点。

（3）调度箱的设计须经批准并安装于电梯井道内。

4）模制外壳断路器（MCCB）

（1）MCCB 须符合并按《低压开关设备和控制设备 第 2 部分：断路器》（GB 14048.2—2020）的规定进行定型试验并符合以下要求：

极数	按图规定的 4 极或 3 极
额定工作电压	690 AC
额定绝缘电压（以招标图纸要求为准）	800 V，交流
额定频率	50 Hz
额定连续电流	100～315 A
额定工作温度	40 ℃
额定极限分断能力（I_{cu}）	50 kA（以招标图纸要求为准）
利用类别	A
有效电气寿命	出线开关≥8 000 次

所有 MCCB 均须由认可的国家级测试机构证明符合上述规定的短路容量。

A. MCCB 的所有机械和带电金属部件须全部装置于模制外壳内。塑壳断路器要求欠压、失压、电操机构等附件齐全，保证维护、升级的需要。

B. 操作机构须与操作速度无关，其触发作用须可靠地保证迅速闭合和迅速断开操作。须为自动脱扣，触头须为不焊合材料。

C. MCCB 应选择三段式电子脱扣装置，提供长延时保护、短路瞬时保护、短路短延时保护。

D. 须提供手柄附件连挂锁及二条锁匙，能使 MCCB 锁在"断开"或"闭合"的位置上。

5）微型断路器（MCB）

（1）MCB 必须符合《家用及类似场所用过电流保护断路器 第 2 部分：用于交流和直流的断路器》（GB/T 10963.2—2020），其性能参数必须严格遵照设计要求和招标图中的标注，不得随意替换型号规格或降低参数标准。额定极限短路断开容量（I_{cu}）按图纸标注级别选择，且最小不得小于 6 kA。除另有规定外，用于照明线路的特性曲线为 C 型，而用于小电力回路则为 D 型。

（2）断路器操作机构须为自动脱扣，其设计应保证负载触头在故障时不会保持在闭合位置。

（3）除另有规定外，单极断路器须用于单相电路。三相电路须使用三极断路器，且须联锁，使一相超载或发生故障时，可以同时切断断路器的各相。

（4）断路器接线应方便连接两根不同导线，以满足进出线方案的要求。操作机构可以考虑具有隔离指示功能，以显示断路器出线侧带电状态，确保人身安全。

（5）除符合上述要求外，承包单位须按图示要求配置相关附件。如分闸线圈、欠电压脱扣器（包括有延时功能）、外部信号辅助触头等，以满足消防及楼宇管理系统的要求。

6）电子式漏电断路器附件（RCCB）

（1）电子式漏电断路器须为两极或四级，由电流操作，装于一个完全密封的模制盒内。制造及测试须符合 GB/T 6829—2017，其性能参数必须严格遵照设计要求和施工图中的标注，不得随意替换型号规格或降低参数标准。

（2）除特别指明外，额定漏电跳闸电流须为 30 mA。

（3）跳闸机构须为自动脱扣，使断路器在接地故障时不会保持在闭合位置。跳闸装置不得利用电子放大器或整流器。

（4）额定漏电跳闸电流须按工程中 MCB 箱详图所示。

（5）须内附可试验自动漏电跳闸的试验装置，并须装设防止在漏电跳闸后重合的装置。

7）带过电流保护型漏电断路器（RCBO）

（1）RCBO 必须符合《家用和类似用途的带过电流保护的剩余电流动作断路器（RCBO）第 1 部分：一般规则》（GB 16917.1—2014）的规定。

（2）RCBO 的额定短路容量为 6 kA 或以上。除另有规定外，跳闸特性为 D型。

（3）除特别指明外，额定漏电跳闸电流须为 30 mA。

（4）断路器操作机构须为自动脱扣，其设计须保证负载触头在故障时不会保持在闭合位置。

（5）当中线开路时，RCBO 须自动跳闸。

（6）须内附可试验自动漏电跳闸的试验装置，并须装设防止在漏电跳闸后重合的装置。

8）熔断器开关和隔离开关

（1）所有熔断器开关和隔离开关须符合《低压开关设备和控制设备 第 3 部分：开关、隔离器、隔离开关及熔断器组合电器》（GB 14048.3—2017）的要求。除在施工时安装图上另有指示外，不间断工作时额定值必须能使用于 AC—23A 类型。熔断器的最小额定短路电流须为 50 kA。所有带电部分必须完全与前方屏蔽。熔断器须符合《低压熔断器 第 1 部分：基本要求》（GB 13539.1—2015）的熔断系数。

（2）熔断器开关和隔离开关须为全封闭型，适用于表面安装。外壳和门须用冷轧钢板制成，涂以高质量焙漆，其颜色由制造厂商规定。门上须装有防尘垫并配以弹珠锁或其他相同经批准的锁。整个外壳须符合《外壳防护等级（IP 代码》（GB 4208—2017）规定的 IP31 等级。

（3）在熔断器开关和开关的门与开关之间须有机械联锁操作。当开关位于"合"时，门不能打开。反之，当开关的门打开时，开关就不可能合上。除非为了试验，把开关内机械联锁解除，在开着门的情况下开关也可合上。

（4）熔断器和开关须配有机械合/分指示器和半凸出或可伸缩型操作手柄。须提供在合或分位置上的挂锁装置。

（5）熔断器开关须装备有足够力量的加速弹簧及拐臂作用，以保证速合和速分动作而与手柄的操作速度无关，须能在故障时闭合并保持在闭合位置甚至在弹簧断裂的情况下仍可操作。所有触头均须镀银以使工作可靠。

（6）熔断器开关按规定须为三极带螺栓式中性线连接（TP&N），三极带中性线开关（TPSN），单极带螺栓式中性线连接（SP&N），单极带中性线开关（SPSN）。中性线连接须能从熔断器开关面板前部接触和拆卸。

（7）所有熔断器开关和隔离开关须清楚地加上标牌并注明额定值及设备用途，用附有黄、绿、红的相别和淡蓝色的中性线颜色标记。

（8）每个熔断器开关和隔离开关须有接地端子。

（9）如较大的电缆进入熔断器开关和隔离开关须设置接线箱。

9）负荷开关

（1）所有负荷开关须符合《低压开关设备和控制设备 第 3 部分：开关、隔离器、隔离开关以及熔断器组合电器》（GB 14048.3—2017）：

① 除在图上另有指示外，不间断工作时额定值必须能用于 AC—23A

类型。

② 负荷开关须符合《低压开关设备和控制设备 第3部分：开关、隔离器、隔离开关以及熔断器组合电器》(GB 14048.3—2017)的规定进行定型试验并符合以下要求：

　　a. 额定绝缘电压：800 V，交流。

　　b. 额定频率：50 Hz。

　　c. 额定工作温度：40 ℃。

　　d. 使用寿命：不低于10 000 次。

（2）所有负荷开关须清楚地加上标牌并注明额定值及设备用途，用附有黄、绿、红的相别和淡蓝色的中性线颜色标记。

10）电涌保护器（SPD）

（1）电涌保护器须符合并按《低压电涌保护器（SPD） 第1部分：低压配电系统的电涌保护器性能要求和试验方法》(GB 18802.11—2020)的规定进行定型试验。

（2）低压电缆须安装三相电压开关型 SPD 作为第一级保护；分配电柜线路输出端须安装限压型 SPD 作为第二级保护；在电子信息设备电源进线端须安装限压的 SPD 作为第三级保护，亦可安装串接式限压型 SPD；对于使用直流电源的信息设备，视其工作电压需要，分别选用适配的直流电源 SPD 作为末级保护。

（3）当上一级电涌保护器为开关型 SPD，次级 SPD 采用限压型 SPD 时，两者之间电缆线隔距大于10 m。当上一级 SPD 与次级 SPD 均采用限压型 SPD 时，两者之间电缆线隔距大于5 m。当不能满足要求时，须加装退耦装置。

（4）用于供电线路防雷保护的电涌保护器技术性能须符合下列要求（表4-1）：

① SPD 须有劣化指示功能。

② SPD 的外封装材料须为阻燃材料。

③ 表4-1中数据只作参考用，须以国家规范为准。

表 4-1　防雷保护的电涌保护器技术性能要求

雷电防护等级	总配电箱		分配电箱	设备机房配电箱和需要特殊保护的电子信息设备端口处	
	LPZ0 与 LPZ1 边界		LPZ1 与 LPZ2 边界	后续防护区的边界	
	10/350 μs Ⅰ类试验	8/20 μs Ⅱ类试验	8/20 μs Ⅱ类试验	8/20 μs Ⅱ类试验	1.5/50 μs 和 8/20 μs 复合波Ⅲ类试验
	I_{imp} (kA)	I_n (kA)	I_n (kA)	I_n (kA)	U_{oc} (kV)/I_{sc} (kA)
A	≥20	≥80	≥40	≥5	≥10 或≥5
B	≥15	≥60	≥30	≥5	≥10 或≥5
C	≥12.5	≥50	≥20	≥3	≥6 或≥3
D	≥12.5	≥50	≥10	≥3	≥6 或≥3

11) 控制和辅助继电器

(1) 在需要处,提供控制和辅助继电器以保证空气断路器、模制外壳断路器和接触器的良好有效的操作。

(2) 继电器须为插入型、支架安装,配有电缆连接座,由防震的快速紧固装置固定。

(3) 所有触点须为双断点型。继电器线圈须适用于所要求的交流或直流操作。

12) 不带电压接点(干接点)

在需要处,提供不带电压接点。由一对接点组成,直接由设备本身操作,但在电气上分开即在接点上无电位存在。使用不带电压接点以完成外部的控制。不带电压接点的额定值必须为 1 A,250 V 或以上。

13) 电流互感器(CT)

(1) 所有电流互感器须为 B 级温升。

(2) 电流互感器须为环氧树脂密封型,能供给必要的输出功率以操作所连接的保护装置或仪表。

(3) 电流互感器的二次端的一个终端须通过可拆卸的连接片接地。

(4) 作保护用电流互感器的精确度:5P(对过流和接地保护)。保护用电流互感器的额定输出和其额定精确度限制系数之乘积须不少于 10 倍跳闸回路负载和不大于 150 数值,包括继电器、连接电线和跳闸线圈。

(5) 作计量用电流互感器的精确度:0.5 级(仪表用),0.2 级(计量用)。

14)电压互感器

(1)电压互感器须适用于保护继电器、仪表和计量设备的操作。

(2)电压互感器须为环氧树脂模制型,并能承受超出其额定值 50% 的负荷而不烧损。

(3)电压互感器及其初级熔断器须为抽出型,装置在配备有自动操作安全隔板的单独小间内。电压互感器须有"工作"和"断开"位置,由可从外部看到的机械指示器指示。工作和断开位置须有挂锁装置。为了更换初级熔丝,须有机械联锁装置,使面板只能在电压互感器处于断开位置时打开。

(4)计量用电压互感器配置/组别。接地方式须经批准。

15)指示灯、按钮、选择开关和控制开关

(1)所有指示灯、带灯的控制按钮、选择开关和控制开关须为重荷载配电柜用,并适合所用的额定电压及电流。

(2)灯泡的额定电压须至少高于当地供电局工作波动电压的要求,灯泡的寿命不少于 4 000 h。指示灯的设计须做到不必使用任何特殊工具和开启屏门即能在屏前拆换灯罩和灯泡。

(3)电流表选择开关须为旋转型,带先接通后断开触点,供测量 3 个相电流。在面板上须刻以黄(A)、绿(B)、红(C)的三相标志。电压表选择开关须为旋转型,带先断开后接通触点,供测量线和相电压。面板上须刻以黄相(AN)、绿相(BN)、红相(CN)电压和黄绿(AB)、绿红(BC)、红黄(CA)电压。

(4)作断路器控制用的开关须为手枪手柄式,具有返回至原位的弹簧并无须首先转至跳闸位置而具有闭锁以防止重复合闸。

(5)其他作控制,其他用途开关之手柄须为"一字形"。

(6)控制开关须装有可加锁的设施以防止被误操作。

16)接线端子排

(1)供控制回路用的接线端子排须由与终接电缆之负载和设计相适应,嵌装而由弹簧夹紧于轨条上,用螺栓固定线耳的端子所组成。接线端子须能抽出更换而无须拆除相邻端子。

(2)接线端子的接线须由两块以螺栓夹紧的板将电线紧固。不得使用螺栓直接与电线接触的压紧式接线端子。

17）熔断器与连接片

（1）熔断管架和连接片架及其底座均须由模压的绝缘材料制成。

（2）熔断管或连接片架固定部分的接触部分必须予以遮蔽，使取出熔断管时不至于意外地触及带电部分。须可以在回路带电的情况下更换熔断管而无触及带电部分的危险。

（3）熔断器管型须符合《低压熔断器 第 1 部分：基本要求》（GB 13539.1—2015）的要求。

18）内部控制线路

（1）所有内部和控制线须为 600/1 000 V 级阻燃绝缘铜电线。

（2）所有电缆须有足够的截面，但不少于 1.5 mm² 的单芯多股绞合导线，敷设于绝缘线夹或线槽内。

（3）每条电线的两端须套有白色的套箍，刻以与接线图相符的黑色字样。

（4）不同的回路须以不同的绝缘颜色区分。

19）接地

（1）须配备一条沿配电箱全长敷设不小于 25 mm×3 mm 的镀锡铜接地母线，用以将配电箱的支架、各箱内的单元以及各回进线和馈出线铠装，和金属屏蔽相连接的终端、母线槽中的地线一起接地。

（2）在配电屏的两端外各配置一个接地端子用以将配电屏接地。

20）标牌

（1）标牌的高度不得小于 25 mm，字体的高度不得小于 5 mm。

（2）所有标牌须用白底黑字胶片（正常电源）或白底红字胶片（应急电源）的材料制成，并用镀锌螺丝固定。

（3）标牌须用中文文字表示。

4.2.3 施工

1）熔断器开关和隔离开关安装

熔断器开关和隔离开关安装须牢固，其垂直偏差不须大于 3 mm，并采用上端接电源，下端接负荷。

2）母线箱安装

母线箱安装须牢固,采用导线配合器和衬套将开关及相关设备连接到母线箱上。开关及相关设备与母线箱间的连接电缆的横截面积不可小于开关两端的输入和输出电缆线的横截面积。使用生产商提供的标准电缆夹钳、插座和装配器将电缆连接到母线箱上。

3）配电箱安装要求

（1）配电箱安装须牢固,其垂直偏差不可大于 3 mm。暗装时,配电箱四周应无空隙,其面板四周边缘应紧贴墙面,箱体与建筑物、构筑物接触部分须涂防腐漆。

（2）配电箱底边距地高度须为 1.5 m 或如施工图所示高度要求。

（3）配电箱内须分别设置零线和保护地线,PE 线汇流端子排,零线和保护地线须依次自汇流排上连接,不得铰接,并须有端子编号。

（4）配电箱不须采用可燃材料制作。

（5）配电箱上须标明用电回路名称。

（6）配线排列整齐,绑扎成束,过门线须分别在两侧固定,盘面引出及引进的导线须留有适当余度。

（7）隔离开关垂直安装时,上端接电源,下端接负荷。

4）电度表箱安装

（1）电度表须安装在电度表箱内,电度表箱安装位置须有足够的空间记录电度表的度数。

（2）当表盒安装在室内时,必须装铰式金属前盖。安装在室外的表盒必须是水密型的,有螺丝拧上型的前盖。表盒的前盖上必须有一个一定大小的玻璃窗,从而能方便地读取瓦时计上的数字。

5）主要元器件技术要求

为保证产品配置可靠性和维护便利,配电箱内主要配电元件须为同一品牌。

4.3　电动机控制箱(柜)

4.3.1　总则

1) 说明

(1) 按招标图纸所示和以下规定提供电动机控制箱(柜)等设备。

(2) 电动机控制柜须为整装固定可延伸型的开关装置,由断路器、熔断器、断电器、母线、控制器及其他一些装置的部件组成。

(3) 提供所有电动机控制原理/深化图纸,且应明确标注盘面布置及原理接线图纸。

(4) 供弱电、消防系统使用干接点的中间继电器亦包含在本承包单位范围内。

(5) 箱/柜在竣工验收前如有名称调整,本承包单位负有免费配合更换铭牌的责任,须为厂家原厂铭牌。

2) 保证质量的特殊要求

(1) 电动机控制屏须为经过 GB 7251.1—2013 所规定的定型试验的组合装置(TTA),由专业制造电动机控制屏的工厂生产,并在厂内组装和试验。

(2) 控制柜及其附属设备包括开关装置、控制开关,母线组装须证明符合规定的负载类别。其机械结构须与经合格的试验机构对短路故障条件和温升限度进行过定型试验的电动机控制屏相同。有关出厂试验的中英文技术资料和文件及定型试验的证书影印本、图纸和试验报告均应提供审阅,以证明符合上述要求。

(3) 所有电动机就地控制屏及其附属设备包括开关装置等,须由认可的国家级测试机构证明其短路容量符合以上规定。且所有产品须获得国家主管部门颁发的 3C 认证证书。

3) 文件报送

(1) 在合同签订的三星期内和在定购设备与制造前,交付以下各项文件供批准:

① 设备和部件制造厂商的详细数据,包括每一种建议使用的断路器和熔断

器,每个额定电流值的时间-电流曲线。

② 电动机控制柜结构详图和根据定型测试证书注明母线布置的标图。

③ 表明电动机控制屏内外接线以及电缆终端和端子号的电气控制线路图。

④ 各可校调跳闸装置的整定值。

⑤ 设备重量。

⑥ 建筑承包商的工作要求。

⑦ 电动机控制屏最大散热量。

⑧ 标志表、文字和颜色。

⑨ 电动机控制屏的表面处理。

⑩ 出厂、工地测试步骤和报告表格形式的建议。

⑪ 所有产品供货前应将相关资料呈审业主方,应取得业主各相关方审批通过,封样后方可生产、供货。对于产品供应不符合业主要求而造成的设备更换、工期延长,业主方不会增加任何费用。因工期延误而对项目产生影响,业主方将保留索偿权利。

(2) 至少在制造厂商进行测试前1个月,交付测试程序建议方案,包括所有可调节脱扣装置的可调度报告文本,供批准用。完整的测试报告应在测试进行后两周内交付供验收用。该测试须由工程师在制造厂内监督完成。

(3) 至少在现场测试进行前两星期,交付测试过程建议草案和报告文本,供批准用。完整的测试报告应在现场测试进行后两周内交付供验收用。

(4) 自完工证书发出之日起1个月内,交付下列各项供验收:

① 安装图。

② 完整的测试和运行报告,包括电路保护整定值。

③ 制造厂商印刷的安装运行保养说明书,其中包括安装和运行程序、详尽的部件清单、已提供的备件清单、建议的备件清单,所有设备的保养步骤和建议保养程度、次数。

4.3.2 设备要求

1) 总则

(1) 必须尽可能避免使不同的导电金属相接触。如不可能避免,则相接触金属的一面或两面须电镀或彼此绝缘。

（2）电动机控制屏内所有相似项或其部件均须可以互换。

（3）所有易被尘土侵蚀或损坏的部件须完全置于防护箱内。

（4）除另有规定外，在电动机控制屏上不得进行粘贴。

（5）所有螺栓、螺钉、螺帽及垫片必须为高强度镀铬不锈钢制。如因公差的限制不能电镀则必须使用抗腐蚀的钢材制作。

（6）在所有螺栓和螺帽下必须加垫片。螺栓和螺钉必须伸出螺帽外至少 1 个节距但不得多于 5 个节距。

（7）电动机控制屏的设计必须符合最佳的工程实践。仪表、继电器、开关装置、指示灯的布置应整齐、有效、合乎逻辑。

（8）电动机控制屏的设计必须使操作简便、服务可靠和维护最少。

2）结构

（1）电动机控制屏须为独立接地，各间隔之顶、侧、背板和门须用不少于 2.0 mm 厚度的电镀锌钢板制成，架在主框架上，以组成结实的结构，并可进入接触电动机控制屏内的部件。

（2）屏体的保护程度对户内式须为 GB/T 4208—2017 规定之 IP31，对户外式则为 IP54。

（3）在电动机控制屏的每面屏后须安装有一对手把的可拆卸背板，以便于装卸。可装卸及可开启的面板均须装密封垫。

（4）电动机控制屏须为同等高度，在其排列长度内深度必须一致，外观整洁。控制和指示的组件须装于离地 500 mm 和 1 800 mm 之间。

（5）门须装暗铰链并与开关装置联锁，并具备垫胶及接地位。

（6）在电动机控制屏顶部和底部须为引出电缆和/或母线槽配备厚度不少于 3.2 mm、可拆卸的，由非磁性金属制成的电缆密封端头盖板。

（7）电动机控制屏间隔内必须充分通风。设备亦必须有足够的空间，以确保在运行时，电动机控制屏的内部温度不超过低压配电屏内包括开关装置、控制开关、母线、继电器和时间开关的工作温度范围。须采用通风装置，在必要处须加通风百叶，通风百叶须有铁丝网保护。变频控制柜在较大容量时须采用强制排风系统。

（8）所有的绝缘子须由不吸潮及不变质的材料制成。

（9）在电动机控制屏底部须装设具有足够强度的槽钢底座，其最小高度为 75 mm。

3）饰面

（1）对于所有钢件表面的尘土、油脂、污垢、铁锈和其他污物，必须用喷砂进行彻底清除，并须在制造厂内立即覆以树脂粉末。树脂粉末面层厚度不得少于 50 μm。

（2）箱体表面颜色须根据业主的要求提供色板供业主选择。

4）母线

（1）母线须为硬拉、高导电率、电镀锡、矩形实心裸铜排制成。相线和中性母线须为同等截面。

（2）母线须牢固支撑。整个母线组装须能承受在故障条件下可能遭受的最大机械应力。

（3）电动机控制屏的母线，母线连接和裸导体须符合《电工用铜、铝及其合金母线 第 1 部分：铜和铜合金母线》（GB/T 5585.1—2018）、《电工用铜、铝及其合金母线 第 2 部分：铝和铝合金母线》（GB/T 5585.2—2018）、《低压抽出式成套开关设备》（JB/T 9661—1999）标准中关于载流量和温升限量的要求。

（4）当电动机控制屏中某个垂直部分包括一个以上的馈出回路时须由引上或引下母线与主母线连接。引上和引下母线须尽可能短、直，并使所有馈出回路的导线可直接与其连接而避免不必要的弯曲。

（5）主母线/引上/引下母线与电动机控制屏馈出线间的导线须为规定的高导电率铜排，其额定电流不应小于与之连接的馈出线开关装置的额定电流。所有母线须以颜色区分相别。

（6）电动机控制配电柜内母线组装的布置须与定型试验图纸所示相同。主母线/引上/引下母线须按《低压成套开关设备和控制设备 第 1 部分：总则》（GB 7251.1—2013）的要求进行定型试验。任何母线布置方式的变动，另需定型试验证明书证明。对主母线/引上/引下母线与馈出线保护装置间的连接导线须经功率因子为 0.25、滞后 50 kA、1 s 短路试验。

（7）连接母线须用机械方法，连接面须镀银或锡。所有连接螺栓须有防松螺母和垫片。母线连接处的搭接长度至少等于所连接母线的宽度。

（8）母线支座的绝缘体须由不吸潮及不变质的材料模压制成。

（9）母线按规定予以分隔。

（10）母线系统之绝缘电压须为交流 660 V。

5）接线端子板

（1）供控制回路用的接线端子排须由与终接电缆的负载和设计相适应,嵌装而由弹簧夹紧于轨条上,用螺栓固定线耳的端子所组成。接线端子须能抽出更换而无须拆除相邻端子。

（2）接线端子的接线须由两块以螺栓固定的屏间板将电线紧固。接线板须具有可移动的铜连接线并接到短路的邻近端子上,或在需要使用接线板的地方与合适的熔丝/熔丝座装配。不得使用螺栓直接与电线接触的压紧式接线端子。

（3）不同电压的电路所使用的接线板须分类并清楚标明,用牢固的永久性隔板隔开。分类的接线板须有防火透明塑料盖。

（4）每块接线板应备有 10％端子备件。

6）接地

（1）须配备一条沿电动机控制屏全长敷设不小于 25 mm×4 mm 的镀锡铜接地母线,用以将电动机控制屏的屏架、各屏内的单元以及各回进线和馈出线铠装和金属屏蔽相连接的终端、母线槽中的地线一起接地。

（2）在电动机控制屏两端各配置一个接地端子用以将电动机控制屏接地。

7）标牌

（1）标牌高度不得小于 75 mm,字体高度不得小于 50 mm。

（2）所有标牌应用酚醛树脂片或相似的材料制成,刻出字样,并用镀铬螺丝固定。

（3）标牌须用中、英文字表示。

（4）一切装在控制箱（柜）内外的控制装置部件,仪表继电器的功能和一切电路的功能须用中文标记说明。

8）内部控制线

（1）所有内部控制线须为 500 V 绝缘铜电缆。

（2）所有电缆须是不小于 1.5 mm² 的高质量多股绞合导线,并采取涮锡处理,带有夹板或线槽。

（3）每条电线的两端须套有白色的套箍,印有黑色字样,与接线图相符。

（4）不同相线路须以不同的绝缘颜色电缆区分。

4.3.3　施工

1）分隔

不同电流或不同电压的装置安排在同一组装时,应按不同电流或电压与其他类型的装置分隔开,以免互相产生不良效应。

2）极性

所有设备的极性安排如下,面向低压电动机控制屏的正面看:

（1）对两极设备:相和中性线,自上至下或自左至右。

（2）对三或四极设备:黄、绿和红相及中性线,自上至下或自左至右。

3）电缆安排

（1）按图或按规定配置必需的且适合于引入电缆类型的电缆线耳（鼻）等,并固定于固定板或条架上。

（2）在电动机控制屏内各回路导线的敷设必须整齐并均匀牢固,以避免在运行条件下（例如:热胀、震动等）或其中任何一回路短路时引起移动,导致电动机控制屏内其他完好的裸导电部分损坏或短路。

4）电缆终端

（1）不得把绝缘导线放在带电裸部件上或尖锐的边缘上。

（2）一个接线端子只允许接一条导线。不得把两条或两条以上导线接到同一个接线端子上。

（3）所有低压端子和其他当电源切断后仍可带电的端子均应以热缩绝缘加以屏蔽,并加上提醒注意的标牌。

5）控制和内部线路

（1）电线须用尼龙电缆扎带整齐地紧束,敷设于PVC线槽或PVC软管内,使用带颜色的电线以作区分。

（2）布线时若电线跨过门铰链,须用PVC管子套住该部分电线,绕成环形,以便在开门及在移出其他部件做检查时不必拆卸电缆或使之过分弯曲。

（3）所有控制电路须配有可拆开的连接片/熔丝,以便于隔离、检查和维修。

6）电线终接

（1）同一编号的电缆应分别终接于邻近的端子上,并在端子板上用连接片连接。

（2）如设备与电源隔离，而端子仍带电时，应加以屏蔽和做出标记以免意外接触。

（3）按接线图上的回路编号，用白色套箍标在端子上以区别回路。

7）熔断器与连接片

（1）每个回路应装设熔断器及连接片，使该回路于维修和测试时可按需要予以隔离而无须断开整个控制回路。

（2）熔断器与连接片应装设在电动机控制屏内易于达到的位置上。将相同回路中有关联的一些熔断器与连接片成组集中装设。

（3）供电动机控制屏用的每一种额定电流值的熔断器和连接片至少应供给 10％的备用，但不少于两只熔断器和连接片。应将备用熔断器和连接片固定于电动机控制屏内专用小间中的夹具上。

8）接线端子排

（1）将与其他专业分界的接线端子排装设于电动机控制屏两端，或任何一端专用并分隔的小间内。

（2）按控制回路的电压和功能，将接线端子排成组装设。组与组间应分隔开。

（3）不得将两个以上的导线接入一个端子。

（4）在每个端子排上至少须提供 10％备用接线端子，但不少于 2 个。

9）接地

（1）门、盖板等均应有保护导线以保证接地的连续性。根据连接到门和盖板上设备的电线最大截面决定保护导线的截面，但不得小于 2.5 mm²。

（2）须配备一条沿电动机控制屏全长敷设不小于 25 mm×3 mm 的镀锡铜接地母线，用以将电动机控制屏的屏架、各屏内的单元以及各回进线和馈出线铠装和金属屏蔽相连接的终端、母线槽中的地线一起接地。

（3）在电动机控制屏两端各配置一个接地端子用以将电动机控制屏接地。

10）铭牌和标牌

（1）对每面屏上装设于屏外的每件仪表、继电器和控制设备均须有标牌以表明其用途。标牌上的字义必须清楚和准确，如可能连同该装置的编号。

（2）所有熔断器及开关上须有标牌以表明其额定电流值。

（3）在电动机控制屏后设有红底白字以中、英文表明"危险—380 V"的警告牌。

（4）在每一组自动/远方合闸或转换开关的电缆小间正面设有表明"注意—自动合闸"的警告牌。在包括测试端子排的所有带电部分均须有类似的警告牌。

（5）在主要设备自主回路上断开后仍可能带电的直流控制回路接线端子上设有警告牌，以减少意外接触的危险。

（6）在电动机控制屏显见的位置上装设铭牌。铭牌须为金属制并刻或印以制造商名、序号和生产日期。

11）饰面

在安装工程竣工时，如电动机控制屏的表面有损伤，修补须予以涂油使其与原涂层同色。

12）接线系统图

在电动机控制屏每个小间内设有一幅自屏前方观看系统的接线图。接线系统图须予以适当处理以免被灰尘污染或年久变色，并牢固置于小间门内侧。

（1）在电动机控制屏内的空气断路器和其他开关设备之间，须保证有选择性地使支电路上发生短路或过载不会令电动机控制屏内的断路器跳闸，却会有效地使故障的电路分隔，使其他电路不受影响。

（2）在配有接地故障探测器处，须同上述过载情况一样保证有选择性。须进行必要的调节以免因长电缆和其他装置有漏电而引起跳闸。

（3）在电路的保护装置未配有漏电探测器处，须保证具有 GB 6829 要求的足够低的接地回路阻抗，利用过电流保护装置切断漏电电流。

4.4 母线槽系统

4.4.1 总则

1）说明

（1）本次供应及安装的密集母线槽为 10 kV 变配电室内密集母线槽（两组变压器间联络的密集母线槽、变压器至低压进线柜的密集母线槽）。

（2）供应及安装定制的低阻抗全绝缘铜母线槽系统（以下简称"母线槽"）。本承包单位须根据招标图纸设计要求结合"变压器、低压开关柜"等设备的订货情况,确定定制母线槽的规格、长度、接驳方式等,确保母线槽系统满足设计、使用要求。

(3) 母线槽的路径及最小的额定载流容量须如施工安装图所示。母线槽的额定载流容量须考虑安装的条件及 40 ℃的环境温度。

2) 保证质量的特殊要求

(1) 母线槽须由专门生产母线槽的制造厂商生产和试验,并按下列各标准进行设计和制造。

GB 7251.6—2015　　　《低压成套开关设备和控制设备 第 6 部分:母线
　　　　　　　　　　　干线系统(母线槽)》

主要配套标准:

GB 7251.1—2013　　　《低压成套开关设备和控制设备 第 1 部分:总则》

JB/T 3752.1—2013　　《低压成套开关设备和控制设备产品型号编制方
　　　　　　　　　　　法 第 1 部分:低压成套开关设备》

JB/T 9662—2011　　　《密集绝缘母线干线系统(密集绝缘母线槽)》

JB/T 8511—2011　　　《空气绝缘母线干线系统(空气绝缘母线槽)》

JB/T 10327—2011　　《耐火母线干线系统(耐火母线槽)》

XF/T 537—2005　　　《母线干线系统(母线槽)阻燃、防火、耐火性能的
　　　　　　　　　　　试验方法》

GB/T 19216.21—2003　《在火焰条件下电缆或光缆的线路完整性试验 第
　　　　　　　　　　　21 部分:试验步骤和要求 额定电压 0.6/1.0 kV
　　　　　　　　　　　及以下电缆》

GB/T 4208—2017　　　《外壳防护等级(IP 代码)》

(2) 母线槽须由认可的国家级测试机构证明其短路容量符合以上规定。且所有产品须获得国家主管部门颁发的 3C 认证证书。

(3) 母线槽及其附件须证明适用于所规定的负载类别,特别是关于故障条件及温升的限度。

(4) 包括插接单元的各种组件和附件须按母线槽制造厂商的推荐以保证组件的兼容性。

3) 资料呈审

在工程进行中的适当阶段,至少须报送下列文件供审批:

（1）详细的设备和部件表及制造厂商的数据。

（2）表示母线槽安排、弹簧吊杆、入墙法兰、楼板法兰和插入式分支盒等的施工详图。

（3）母线槽路线图，表明经协调的母线槽路径，母线槽与建筑轴线相对的定位线、各接头、悬挂和固定部件等的位置。

（4）设备重量。

（5）对建筑及结构的要求。

（6）母线槽在制造厂及工地的测试步骤和测试报告表格的建议。

（7）所有产品供货前应将相关资料呈审业主方，审批通过、封样后方可供货、安装。

4.4.2 产品

1）密集型母线槽（结合招标图纸要求）

（1）结构、散热性

① 母线结构紧凑，设计合理，外形美观，外壳与导体紧密接触，整体散热。母排间无明显空气间距，母线内部无空气流动，可以避免烟囱效应及导体与空气接触造成的氧化。

② 母线槽防护等级不低于 IP 54（包含带分接单元，例如插接口、T 接箱等）。

③ 母线槽及插接口处全长采用密集型，不允许采用本体密集型、插接口空气型。

（2）导体材料

① 导体应选用国标 T2 电解铜，轧制成宽面薄型带材硬铜排。铜排符合相关国家标准，其纯度≥99.95％，电阻率≤0.017 77 Ω·mm²/m，硬度 HB≥65。

② 相间绝缘电阻≥500 MΩ，铜排与外壳之间电阻≥500 MΩ。

③ 母排表面镀银或镀锡，表面镀层应有较强的抗氧化腐蚀能力。保持导体的完整性，不得有中间冲孔、末端截面收缩等不良设计。

④ 聚酯薄膜达到 B 级以上绝缘（130 ℃）水平。

⑤ 中性线的材料、截面及制造工艺与相线相同。

⑥ 母线槽须为包括在同一连续金属外壳内的三相母线和中性线母线截面积相同的铜母线槽。采用独立的地线母线，地线母线材质应采用同等电气级别

的铜材,其截面须不小于相母线的 50%。母线槽的金属外壳须可靠接地,但不得作为接地保护线使用。

⑦ 密集型母线槽铜排截面(包括材料及其工艺结构等)应完全符合 3C 认证型式试验报告的要求。

⑧ 母线绝缘介质选用阻燃材料,绝缘等级及耐热等级达到 A 级或 A 级以上,能耐受 150 ℃ 高温和－60 ℃ 的低温,在火灾时不释放有毒气体。

（3）连接头

① 母线连接头应采用现有国内先进技术,要求为独立可移动式,便于母线的安装及拆卸。

② 规格相同的连接头可以互换,便于安装及维护。

③ 连接头螺栓应带有自动力矩控制功能,额定压接力矩不应小于 80 N·m,保证接头有良好的接触。连接头处的载流能力应与母线干线相同。

④ 连接头应考虑运行状态下母线槽热胀冷缩对设备的影响,且接头的设计不会降低母线的性能。

（4）性能要求

① 介电性能。

母线槽及其馈电箱应能耐受表 4-2 规定的工频电压,历时 1 min 无击穿和闪络。

表 4-2　耐受试验电压

额定绝缘电压 U_i/V	试验电压(方均根值)
$U_i \leqslant 60$	1 500
$60 < U_i \leqslant 300$	3 000
$300 < U_i \leqslant 690$	3 750
$690 < U_i \leqslant 1\,000$	5 000

② 温升要求如表 4-3 所示。

表 4-3　温升值

母线槽的部位	温升/K
用于连接外部绝缘导线用端子	70
母线上插接式触点与母线连接处	70[a]

续表 4-3

母线槽的部位	温升/K
可接触的外壳和覆板	30
金属表面	30[b]
绝缘材料表面	40[b]

a. 温升限值按材料的自身特性参数和诸多因素确定,但不得超过 70 K。

b. 对在正常工作情况下不需触及的外壳和覆板,温升限值可以是 55 K。

货到工地时,业主有权随机抽样送往检测所做温升检测以验证母线槽的载流能力,检测不合格后由此引起的工期损失和财物损失由投标方自行承担,并保留追究其他损失的权利。

③ 耐受能力。

母线槽能承受额定短时耐受电流和额定峰值耐受电流,所产生的热应力和电动应力并无永久性可觉察变形。每个电流规格的母线槽所对应的短路耐受电流强度值应不小于表 4-4 中的数值。

表 4-4　额定电流强度值

额定电流 I_n/A	I_{cw}/kA
$500 \leqslant I_n < 1\ 000$	30
$1\ 000 \leqslant I < 1\ 600$	50
$1\ 600 \leqslant I < 2\ 500$	80
$2\ 500 \leqslant I < 3\ 600$	100
$3\ 600 \leqslant I < 6\ 300$	120

④ 电磁兼容性(EMC)。

应满足 GB 7251.1—2013/IEC 61439—1:2011 中相关要求并进行电磁兼容性测试。

(5) 插接式 MCCB(塑料外壳式断路器)部件

① 插接式部件须由生产母线槽的同一厂商生产。每件插接部件须与母线槽机械联锁,以防止当部件处于"合"闸位置时进行部件的安装或拆除并须配备一支能控制合、分机构的操作手柄。尚须能使插接部件于"分"位置时装置加锁的设施。

② 插接部件的外壳须于其夹紧触头与相母线接触前与母线槽可靠地连接。其结构应使其自身易于插入和拔出，应保证插 50 次后仍能正常工作。

③ 插接部件须按规定装备 MCCB 及装于 MCCB 进线和出线侧各相间及相与外壳间的内隔板。

④ 所有插接部件的盖板必须装置可释放的联锁，以防止当 MCCB 处于"合"闸位置时被打开。插接箱应易于安装、拆卸，插接箱分合闸应便于操作。

⑤ 所有母线插口处必须带有安全罩盖。内部带电部位必须配有透明防护隔板，以避免人身触电的危险。

⑥ 插接部件须装有直接定位或悬挂设施使其插接爪与母线槽接触前，部件的全部重量由母线槽承担。

⑦ 在插接部件内须有足够的空间使电缆能终接至 MCCB 而不致使电缆过度弯曲。

⑧ MCCB 须符合《低压开关设备和控制设备 第 2 部分：低压断路器》(GB 14048.2—2020)的规定进行定型试验，其额定极限短路容量(I_{cs})为 65 kA，额定短时间承载电流为 50 kA/s，工作的额定短路容量(I_{cs})为 100% I_{cu}。MCCB 的所有机械和带电的金属部件须全部装于全绝缘模制盒内。

⑨ MCCB 的操作机构与操作速度无关，其拐臂作用须产生速合和速分的开闭操作。自由脱扣，触头须为不焊合材料。

⑩ MCCB 须装有热磁型过流跳闸机构，提供延时过流保护和瞬时短路脱扣。

⑪ 装置手把锁扣附件及附带三把钥匙的挂锁可将 MCCB 于断开和闭合位置时锁住。

⑫ 按规范要求，MCCB 须装设并联跳闸组件用作与消防系统联系，当接收到火警信号时，作跳闸之用。并联跳闸线圈由主电源供电，整定装置须装于插入部件相邻的箱内，亦可作为插入部件的整体装于部件内。

(6) 外壳材料

① 采用高品质铝镁合金外壳，具有足够的机械强度和防腐能力。

② 母线采用全封闭外壳，能保证在任何安装角度下，母线载流 100% 额定容量不变。

③ 每节母线外壳任一点与接地端子间的电阻不大于 0.01 Ω。

④ 外壳表面应作静电粉末喷涂处理,并须提供相应的第三方检测报告。

⑤ 对于大跨距区域,外壳应选用加强型,以保证其强度满足使用要求。

⑥ 采用全封闭形式,结构紧凑,配置灵活,动热稳定性好,有较强的抗内外力冲击能力。

（7）过渡连接/跨接及安装支架

① 密集母线要有防止由于电磁感应造成母线涡流及动热稳定问题的解决措施。同时须说明减少涡流或磁滞损耗的措施。

② 母线槽与配电柜连接采用 T2 电解铜轧成 TMY,铜排表面镀银或镀锡。

③ 母线与母线连接采用成品连接器,接触面积达到 120%～150%。

④ 垂直安装要配弹簧支架,调节距离不少于 5 cm。支架底座要采用槽钢,要有足够的强度。

⑤ 吊架采用角钢热镀锌,该吊架要有调节功能,吊架下部位不允许有长出。

（8）铭牌

铭牌应包含以下内容:

① 型号和名称。

② 制造厂厂名或商标。

③ 出厂编号。

④ 主要技术数据。

⑤ 执行标准。

⑥ 制造年、月。

2）耐火封闭母线槽

（1）耐火母线槽除符合 GB 7251.1—2013 的要求外,另须增加着火时线路完整性试验。

（2）母线绝缘介质选用阻燃材料,绝缘等级及耐热等级达到 A 级或 A 级以上,能耐受 150℃高温和−60℃的低温,在火灾时不释放有毒气体。

（3）如采用矿物质耐火母线槽应采用钢制外壳,表面应采用耐腐蚀不燃材料处理。

（4）耐火母线槽须提供型式试验报告,并满足图纸及消防规范相应耐火试验要求。

4.4.3 施工

1）标志、包装

（1）母线槽的每个单元都须设置铭牌，且须安装在明显易见的地方

① 制造厂厂名或商标。

② 产品型号及名称。

③ 制造年、月。

④ 出厂编号。

⑤ 额定电流。

⑥ 额定工作电压。

⑦ 额定频率。

⑧ 防护等级。

⑨ 标准代号及名称。

⑩ 使用条件。

⑪ 额定绝缘电压。

⑫ 设计系统的接地形式。

⑬ 外形尺寸及安装尺寸。

⑭ 平均电阻和电抗值。

⑮ 重量。

⑯ 短路强度。

（2）标志

① 母线槽接地处须设置明显的接地标志。

② 在母线槽单元端头处设置明显的母线相序标志。

③ 电缆转换箱上须有相应的警告标志。

（3）包装

母线槽装箱时须随附下列文件资料：

① 文件资料清单。

② 说明书。

③ 装箱清单。

④ 产品合格证。

2）工地存放

母线槽运送至工地后应存放于室内干燥处。除原包装外，须另以护板保护以应付工地的恶劣条件。

3）安装

（1）安装时，母线槽应以批准的方法加以保护以防止渗水。

（2）按批准的施工图上所示的路径安装母线槽。

（3）进行安装时应小心，以避免损伤母线槽。

（4）若母线槽安装于其他专业的工程尚未完成的场所，须将母线槽小心加以保护以防止其他专业施工时对母线槽造成损伤。

（5）在母线连接前对母线的接触面全部进行除污处理。

（6）每段水平敷设的母线槽至少需有一个支持杆。按母线槽制造厂商的建议设置附加的支撑。

（7）垂直安装的母线槽在每层楼板上由一弹簧支撑系统加以固定。此支撑系统须能承受在此楼板下母线槽的全部重量并留有热膨胀的余量。当楼层高度超过 5 m 时须增设中间弹簧支撑。

（8）以批准的防火材料将母线槽穿过楼板和墙壁的开孔封闭，以保持与所穿过楼板与墙壁相同的耐火程度。不得以水泥封闭楼板与墙壁的开孔。

（9）当母线槽安装于结构的接缝下须装设经批准的防水篷，以防止可能经接缝漏水。

（10）在母线槽全部安装过程中应使用制造厂商推荐的工具。

（11）本承包单位须提供两组电缆连接驳配件，额定电流须与设计插接式母线槽相同，电缆的长度须为三层楼的高度或按图纸所示。（关于本条款，电缆与母线转接件的要求须结合项目实际情况采用）。

4.5 防雷电保护系统

4.5.1 总则

1）说明

（1）建筑物防雷设计等级须按图纸设计的要求，承包单位须依据项目建筑状况,重新复核建筑物防雷类别,并依标书和招标图纸要求的指导措施进行施工,确保整个雷电保护系统按有关规定及要求圆满完成施工。

（2）按规定装设一套利用建筑结构钢筋作引下线的完整雷电保护系统。接闪器、引下线及接地极的位置如具体施工安装图所示。

2）保证质量的特殊要求

应按下列标准进行设计和装设整套雷电保护系统：

GB 50057—2010　　　《建筑物防雷设计规范》

GB 51348—2019　　　《民用建筑电气设计标准》

GB 50343—2012　　　《建筑物电子信息系统防雷技术规范》

GB/T 50065—2011　　《交流电气装置的接地设计规范》

3）资料呈审

在工程进行中的适当阶段,至少须报送下列文件供审批：

（1）对建筑物防雷保护系统类别的重新复核计算结果。

（2）详细的设备和部件表及制造厂商的数据。

（3）对建筑及结构的要求。

（4）详细的接闪器、引下线,接地板和防侧击雷均压环的防雷空气终端网和接地网络协调施工图。

（5）雷电保护网的固定和与钢筋及外露于屋顶和建筑外墙上的金属物连接接地方法的施工图。

4.5.2　产品

1）接闪器

（1）避雷针采用镀锌圆钢或焊接钢管制成,其尺寸不能小于下列数值：

① 针长 1 m 以下

圆钢　　　　　　　　直径为 12 mm

钢管　　　　　　　　直径为 20 mm

　　　　　　　　　　厚壁为 2.5 mm

② 针长 1～2 m

圆钢　　　　　　　　直径为 16 mm

钢管　　　　　　　　直径为 25 mm

③ 烟囱顶上

圆钢	直径为 20 mm
钢管	直径为 40 mm

（2）接闪网采用镀锌圆钢或扁钢，其尺寸不能小于下列数值：

① 圆钢	直径为 8 mm	
② 扁钢	截面为 50 mm²	
	厚度为 2.5 mm	
③ 烟囱避雷环	圆钢直径为 12 mm	
	扁钢截面为 100 mm²，厚度为 4 mm	

（3）金属屋面利用轻钢屋面（厚度大于 0.5 mm）作为接闪器，局部混凝土板上设置 D10 镀锌圆钢避雷带，并组成不大于 10 m×10 m 或 8 m×12 m 的接闪网格，接闪网格与金属屋面应良好连接。所有安装于屋面的风机或天窗金属框架预埋件与接闪网或金属屋面做良好电气连接。

① 圆钢	直径为 8 mm	
② 扁钢	截面为 50 mm²	
	厚度为 2.5 mm	
③ 烟囱避雷环	圆钢直径为 12 mm	
	扁钢截面为 100 mm²，厚度为 4 mm	

（4）金属屋面利用轻钢屋面（厚度大于 0.5 mm）作为接闪器，局部混凝土板上设置 D10 镀锌圆钢避雷带，并组成不大于 10 m×10 m 或 8 m×12 m 的接闪网格，接闪网格与金属屋面应良好连接。所有安装于屋面的风机或天窗金属框架预埋件与接闪网或金属屋面做良好电气连接。

4.5.3 施工

1）总则（具体设计要求以招标图纸要求为准）

（1）按图纸所示和工地指示的路径安装雷电保护系统。如采用结构柱内钢筋时，须符合相关截面和连接方式要求，该要求须获得建筑师批准。

（2）本系统利用本建筑桩基内钢筋及桩台基础钢筋形成一个包括均压环在内的防雷接地装置，其接地电阻不得大于 1 Ω，并须经测试合格后方可浇铸建筑桩台基础混凝土。当接地电阻不能满足最小要求时，须在建筑物外加打接地体,接地体用镀锌扁钢连接并做防腐处理。

（3）按照图纸中规定建筑物的防雷要求类别和建筑物本身的使用性质,须按图纸所示采用避雷器/针和带（网）结合的防雷系统,其中包括玻璃幕墙、金属雨篷/栏杆、铝合金门/窗和外露金属物等在内的防侧击雷的接地系统。

（4）此系统除利用建筑结构柱内主钢筋作防雷设置的引下线/导体外（特别是建筑外廓各个角上的柱子）,同时为防止侧向雷击,地面 30 m 以上,每层须沿建筑物外侧的四周水平方向预埋一条 40 mm×4 mm 镀锌扁钢为均压环,并与结构柱内的引下线/导体相连。

（5）为配合玻璃幕墙,金属雨篷/栏杆及铝合金门/窗的接地,须在相关柱子侧面高位距楼顶板 50 mm 处预埋一块 100 mm×100 mm×4 mm 钢块,并与均压环相连。具体连接节点,须与有关供应/安装商协调落实。

（6）在建筑物屋顶上的一切金属凸出物、烟囱、通风管、栏栅、水槽管必须与空气终端网连接并成为其一部分。屋顶上水平导线须以适当的鞍形座以不大于 1.5 m 的间距固定于屋面。

（7）为防止雷电波的侵入,要求进本建筑物的各种管线及本建筑物内的竖向金属管线须每层与均压环设置相连,特别是底部,以确保电位相同。

（8）建筑物防雷引下线按图纸中所示选取位置,由引下线引出留置接地测试点,用于未来测试。

（9）除上述要求外,还须符合《建筑物防雷设计规范》（GB 50057—2010）的有关要求。

2）防雷装置

（1）接闪器

① 根据规范要求,确定建筑物防雷类别,并根据滚球法确定相应的防雷措施。

② 顶部利用屋面金属物体等作为接闪器。

③ 屋面上的所有金属突出物,如金属设备和管道以及建筑金属构件等,均须与屋面上的防雷装置可靠连接。

④ 高出屋面避雷带、接闪网的非金属突出物,如烟囱、透气管、天窗等不在保护范围内时,须在其上部增加避雷带、接闪网或避雷针保护。

⑤ 接闪带须安装在屋顶的外沿和建筑物的突出部位。

⑥ 屋顶共享天线不须作为防雷装置的一部分。引下的电视馈线必须采用双屏蔽电缆或穿金属管保护，其两端须与防雷系统为一体，并在电视引入馈线上加装电涌保护器。

⑦ 高建筑物的擦窗机及导轨位须做好等电位连接，与防雷系统连为一体。当擦窗机升到最高处，其上都达不到人身的高度时，须做 2 m 高的水平避雷针保护。

（2）引下线

① 利用建筑结构钢筋作防雷引下线。

② 采用建筑物钢筋混凝土柱内的钢筋作为引下线时，其屋顶上部必须与接闪器进行可靠焊接。其下部必须与接地装置焊接，并须符合下列要求：

a. 当钢筋直径为 16 mm 及以上时，须利用两根钢筋贯通作为一组引下线。

b. 当钢筋直径为 8 mm 及以上时，须利用四根钢筋贯通作为一组引下线。

c. 不能采用直径为 6 mm 以下的钢筋作为引下线。

③ 引下线与接地装置的交接处，在距地面 0.3 m 处做接地连接板。引下部分不可小于直径 10 mm 镀锌圆钢或截面不小于 80 mm² 的镀锌扁钢。

④ 建筑物的金属构件可作为引下线，但所有金属部件之间均须连成电气通路。

（3）接地装置

① 接地装置须优先利用建筑物钢筋混凝土内的钢筋。本工程利用基础承台和桩基内的钢筋连成环形接地装置；没有钢筋混凝土时，可在建筑物周边无钢筋的闭合混凝土基础内，用 40 mm×4 mm 扁钢直接敷设在槽坑外沿，形成环形接地。

② 当采用共享接地装置时，其接地电阻须按各种系统中最小值要求设置。在装置设置完成后，必须通过测试点测试接地电阻。若达不到设计要求，须加接人工接地体。

③ 任何情况下独立接地装置须埋设在地面 0.8 m 以下，过门或人行信道处。为减少跨步电压，须埋深在地面 3 m 以下或采用 50 mm 的沥青绝缘，其两侧的宽度须超过接地板 2 m。

④ 接地装置工频接地电阻的计算须符合现行《交流电气装置的接地设计规范》(GB/T 50065—2011)的规定，其与冲击接地电阻的换算须符合《建筑物防

雷设计规范》(GB 50057—2010)的规定。

3）幕墙防雷装置

（1）本承包单位须按招标图、施工图及国家规范进行防雷接地系统的预留及接驳工作。本承包单位须从均压环引出镀锌扁钢或导线并接驳至幕墙承包单位所提供的接点，接驳工作由本承包单位负责。

（2）本承包单位须按招标图纸，配合并落实幕墙、雨篷等排水设施的供应及安装。

（3）内部横竖梁之间与幕墙金属斜拉索和幕墙主龙骨可靠电气连通。

（4）幕墙顶部金属构件与防雷系统可靠连通，金属斜拉索底端金属构件与接地系统可靠连通。

5

给排水系统技术管理要点

5.1 给水及排水系统装置

5.1.1 总则

本章说明给水及排水系统的供应及安装所需的各项技术要求。

1）一般要求

（1）所有送抵工地的设备均须为崭新的。

（2）安装前的设备须装箱保护。

（3）给水及排水系统的深化设计和安装须同时符合有关国家规范要求。

2）质量保证

所提供的设备及材料须为生产此类设备至少有 5 年历史的厂商的产品。

3）资料呈审

（1）提交完整的产品资料和样品，包括技术数据、材料及设备的装配图、测试证明书等，以供审批。

（2）安装前，提交全部施工图给有关部门及各相关单位审批，获得批准后方可动工。

4）系统设计数据

冷热水配水系统：

（1）任何出水点的最低压力为 0.10 MPa，最高压力为 0.45 MPa。

（2）分支水管的最高流速宜为 1.0 m/s。

（3）水温最低 3 ℃，最高 60 ℃。

5.1.2 产品

1）集水井

（1）所有混凝土建造的集水井，包括人孔盖板、格篦、脚踏、铁爬梯和所有其他必要附件，均由总承包单位负责建造及安装。

（2）所有上述构筑物内的一切管道的预埋及接驳工程、阀门及有关配件等，均由本承包单位负责提供及安装。

2）挖掘、凿岩、沟槽开挖及回填

（1）原则上机电相关的挖掘、凿岩由本单位负责。本承包单位应遵从业主指示，积极配合沟槽开挖及回填等工程。

（2）所有挖掘及凿岩工作应根据图纸所指示的尺寸、高程及坡度或业主指示进行施工。

（3）随挖土工作进行，承包单位须提供牢固的沟槽支撑以防塌土。沟槽挖后，应尽快进行管道安装工作，并须经业主及有关部门验收合格及批准后才可回填。

（4）所有沟槽的垫层、回填、管道支墩及安装等，须根据图纸及有关规范进行施工。

（5）承包单位应清除所有挖掘后的剩余物质。

3）水表

（1）所有水表的选型、安装应依相关设计要求，满足国家有关图集规范约定。

（2）所有水表应能准确量度通过的水流量，适合用于各类系统，且被当地有关行业部门认可。

（3）所有远传水表采用有线远传表（锂电池），其余处水表采用普通机械水表。

（4）远传水表必须具有灵敏度高、性能稳定、抗干扰、能传输信号等特性；其技术指标符合现行国家标准和当地自来水公司的要求。

传感器的工作参数包括且不限于：

① 工作电压：DC $5\sim12$ V。

② 工作电流：10 mA。

③ 分辨率：5 Hz/s。

④ 带电负载估算：$4\sim8$ mA。

⑤ 封装尺寸：环氧树脂封装。

⑥ 工作环境：避免非激励性磁场。

⑦ 振动：加速度 $5g$。

⑧ 使用条件：允许最大工作压力 1 MPa。

⑨ 工作环境温度：$30\sim100$ ℃。

（5）本承包单位所提供的冷水表须能支持远程计费、计量,提供 M-BUS、MOD-BUS、RS485 等技术,提供多种方式的总线通信协议,供水表远传使用。

（6）远传水表须提供给弱电分包/能量计量及远传系统进行协议测试,测试通过方可采购安装。

4）水泵基座

（1）混凝土基座和台座将由建筑承包单位负责建造,但本承包单位应于基座和台座建造前提供技术详图和台座框架资料给业主审批。

（2）基座高度应根据水泵生产厂商按强度和质量要求而建议的数据,并配合水泵吸水管接驳贮水池出水口的高度。但基座高度不得少于 150 mm。

（3）水泵和电动机的座板用弹簧型减振器和防震垫片承托于混凝土基座上。

5）浮式水位控制器

（1）水位控制器外壳应为聚丙烯所制造,电缆壳套应为特别塑料混合物,塑料混合物是熔接和扭紧在一起,黏合剂为耐用型。

（2）水位控制器不应采用水银作为电路开关。

（3）水位控制器应能抵受工作温度 0～+50 ℃。

6）水锤消除器

在给水系统上,按图纸所示或在制造商所建议的安装位置上,提供足够数量和合适尺寸的水锤消除器。水锤消除器外壳须为青铜制造,内有不锈钢的球形活塞及氟化橡胶座,外附充气阀及压力计。其他认可设计的水锤消除器亦可提供审批。

7）雨水斗

（1）提供经批准的铸铁雨水斗包括喇叭斗、可拆式格栅或格篦。

（2）位于屋面或平台的雨水斗必须配有挡水法兰、夹紧装置、圆拱形格栅和内嵌式水斗。设于女儿墙边的雨水斗应带阴螺纹插口接头供承插口接驳。

（3）凡设于公众视线内及阳台上的雨水斗包括其格篦须用加料镀铬的黄铜或镍青铜制造,并用镀铬平头或埋头锥口螺栓固定。

（4）在土建施工时,应将雨水斗定位。施工期间,必须采取业主认可的适当措施,以防砂浆或其他外物进入雨水斗。

8）地漏

（1）所有地漏均须为经批准的厂商产品，格栅的过水净面积不得小于所连接管道的断面积，且须配有夹紧装置和内嵌缝式水斗，并应按图纸上所指定的位置正确就位。

（2）地漏水封深度不小于 50 mm，公共卫生间采用不锈钢防返溢地漏。车库采用铸铁材质地漏，地漏盖采用加重铸铁型。厨房、淋浴间、垃圾处理间采用网筐式地漏。

（3）地面清扫口采用铜或不锈钢制品，清扫口表面与地面平齐。

（4）装于行人路上的地漏须具 300 mm 直径的格栅及附有沉积物吊斗。

（5）地漏水封深度应符合国家有关规范要求。

（6）所有 50 mm 直径及以下的地漏包括格篦应用黄铜或镍青铜制成。所有 50 mm 直径以上的地漏应用铸铁制成，外涂沥青油，其格篦均应为镀铬铜制造。

（7）所有地漏采用直通型，地漏下接存水弯，存水弯水封高度不小于 50 mm。地漏篦子表面应低于该处地面 5～10 mm，其他应符合国家有关规范要求。

（8）除另外标注外，所有用于室内地漏的格篦均由 2 mm 厚不锈钢/镀铬铜制造。

9）通气帽

于每根透气立管或污废水立管的最顶处，提供和安装经业主批准的不锈钢、PUC 或与通气管材质相同的通气帽。通气帽应牢固地装在每个通气管道的开口处，安装高度应符合国家有关规范要求。

10）存水弯

（1）提供各洁具及各处所需的存水弯，并须适用于各特定用途。在订货及安装前，须提供样品给业主审批。铸铁存水弯表面应镀上与其连接铸铁管相同的镀层。一般存水弯应为 S 形，如因安装空间而采用 P 形弯则须要经业主审批后方可使用。

（2）所有存水弯的断面积须与所接连管道的断面积相同，并须附设方便维修的清扫孔。除另有说明外，存水弯的尺寸及要求应为：

① 洗脸盆、洗手盆——塑料防虹吸型存水弯，进出口直径均为 32 mm，水封深度为 50 mm。

② 洗涤盆——塑料防虹吸型存水弯,进出口直径为 40 mm,水封深度为 50 mm。

③ 花洒——不锈钢制防虹吸型或再封式存水弯,进出口直径为 40 mm,水封深度为 50 mm。

④ 挂墙式小便器、清洁洗涤盆——塑料 P 形存水弯,进出口直径为 40 mm,水封深度为 50 mm。

11)一般贮水池/水箱

(1)混凝土结构的水池或水箱,全部由建筑承包单位建造。水池水箱的附件包括钢制爬梯、人孔、通气口及钢制底座支路等,由承包单位负责提供及安装。钢制水池或水箱除基础外全部由承包单位负责提供及安装。

(2)承包单位须负责提供下列预埋于每个水箱或水池的接驳件和附件给建筑承包单位安装,并须负责确保有关预埋件均正确就位。在订货和安装前,须提交详细施工图给业主审批:

① 出水口。

② 水箱出水口。

③ 池水管、溢流管、水位指示管。

④ 水位控制器用的聚氯乙烯套管。

⑤ 通气管及检修人孔等。

⑥ 漏斗型防波涛多孔管(管码为不锈钢制)。

(3)预留预埋套管应采用钢制防水套管。

12)生活给水水箱

(1)生活给水水箱应由 SUS304 不锈钢或相等认可的物料所制造。所有配件及密封接口及内涂层所采用的材料应具有化学稳定性和无毒性并经有关部门认可,不得影响水箱内贮存的水质。

(2)生活给水水箱须固定于由建筑承包单位提供的混凝土基座上。水箱底座的详细资料和所需的土建施工图必须呈交给业主作审批。

13)卫生洁具

(1)洗手盆

① 材质为釉面陶瓷,表面平滑,不应有裂纹、斑点及损伤。

② 釉面带有离子隔离层,耐污性能好,易于清洁。

③ 手盆须附排水金具，按施工图要求提供 P 形弯或 S 形弯，水封深度为50 mm。

（2）坐便器

① 材质为釉面陶瓷，表面平滑，不应有裂缝、斑点及损伤。

② 坐便器冲水方式：虹吸旋涡式，以达到强吸力及静音效果。

③ 贮水箱采用 6 L 容积节水式，3/6 L 双挡冲水阀。

④ 坐便器盖板要求采用加厚弧面设计，并采用抗菌材料制作。

⑤ 角式截止阀材质为铜镀铬。

⑥ 水封深度：50 mm。

⑦ 采用红外感应，便后自动检测冲洗。（不适用）

⑧ 自动识别大小便，大小挡冲水（3/6 L 双挡）。（不适用）

⑨ 240 V 电源输入，6 V 直流安全电压输出，待机能耗＜0.4 W（不适用）。

（3）小便斗

① 采用壁挂式小便斗，材质为釉面陶瓷，表面平滑，不应有裂纹、斑点及损伤。

② 釉面带有离子隔离层，耐污性能好，易于清洁。

③ 自闭式冲洗阀、装饰盖及进水口连接件材质为铜镀铬。

④ 自带存水弯。

⑤ 采用感应式小便器冲洗阀，为埋墙隐蔽型。感应器控制装置为红外线感知式。

⑥ 在供水水压 0.07～0.7 MPa，冲水量 2.5～5 L/次之间自动调节。感应距离：距感测窗 80 cm 范围内。

（4）感应龙头

① 公共区卫生间内洗手盆配感应式水龙头，非接触式用水。采用红外感应智能出水，出水量为 4 L/min，龙头感应距离为 60～350 mm，使用温度为 0～45 ℃，给水口径 DN15，水压为 0.05～0.6 MPa。

② 材质：铜镀铬。

③ 龙头阀芯：陶瓷阀芯。

5.2 热水设备

5.2.1 总则

1）说明

本章说明热媒式（高温水）容积式热水器、电热水器及其有关的控制设备的生产、安装及调试所需的各项技术要求。

2）一般要求

（1）须按照图纸及设备表所标注的技术资料及数量，提供合适的容积式热交换器及电热水器。

（2）有关设备，在运送、储存及安装期间应采取正确的保护设施，以避免设备因碰撞及锈蚀而受损坏。

（3）为了正确地运送及安装热水设备，承包单位应提供所有必需的运送支架、吊架等设备。

3）质量保证

（1）热水器的生产商必须具有生产及安装同类型及功能相关的设备，并成功地运行不少于 5 年的经验和纪录。生产质量符合国家有关压力容器制造及 ISO 9001—2015 标准。

（2）每台热水器上应附有原厂的标志牌，标明厂家名称、设备编号、型号及有关技术数据。

（3）热水器必须按照国家标准进行设计、安装及测试，并能达到有关部门所颁布，包括但不仅限于以下所列的规范、标准及条例的要求：

①《电热和电磁处理装置基本技术条件 第 1 部分：通用部分》（GB/T 10067.1—2019）

②《电热和电磁处理装置的安全 第 1 部分：通用要求》（GB/T 5959.1—2019）

③《家用和类似用途电器的安全：储水式热水器的特殊要求》（GB 4706.12—2006）

4）资料呈审

（1）提交由厂家提供的技术数据，以显示有关设备的储水容积、输出热力、效率、耗电量、耗热媒量、热水的出/入水温度、水压差及水流量、操作压力、测试压力、操作步骤、安装及测试步骤等。

（2）提交由厂家编印的安装、操作及维修手册，内容应详述有关操作程序和维修程序。

（3）提交齐全的配件表及厂家建议的后备配件表。

（4）提交完整的技术规格说明书、材料规格及生产装配图纸。

（5）提交厂家测试报告及证书并说明其操作及试验效果，所提供的设备须获得有关部门的批准。

（6）提供施工图，详细显示有关设备的安装和固定要求、控制和电气线路及管道接驳等资料；安装及固定详图须包括所有为安装热交换器所需的托架、支架、基座及任何特殊土建要求的详细资料及尺寸。

5）执行标准

（1）按《电热和电磁处理装置的安全 第1部分：通用部分》（GB/T 10067.1—2019）设计、制造、验收。

（2）供方提供第三方（技术监督局）设备监检证。

（3）供方提供《产品质量证明书》，包括：竣工图、材质证明、X射线探伤报告、水压试验报告。每台单独提供压力容器合格证铭牌，铁质与纸质各一份。

5.2.2 产品

1）电热水器一般要求

（1）须按图纸或设备表所示，提供卧式或立式换热器及电热水器。

（2）热水器须符合当地有关部门要求，符合国家安全标准，并须经过国家强制性认证（3C认证）。

（3）热水器须不受任何高低水压限制。

（4）热水器须配有舒适水温控制装置，确保水温稳定。

（5）热水器外壳须提供显示灯显示热水器开关状态。

（6）热水器配须有超温保护装置及超温感应排气阀，所有开关及阀门应于制造厂内进行测试，并须提供该试验证明文件。

（7）热水出入水位须配置活接头以方便安装/拆除，接头须配有原厂制密封垫圈。

（8）热水器内所有与水接触配件须为铸铜，而外壳表面须涂上白搪瓷漆或其他经批准的防锈蚀涂层，管道不应作为热水器支架使用。

（9）热水器及热水管道应能抵受系统工作压力，其额定工作压力须不小于600 kPa。

（10）所有安装于严寒地区室外的热水器，必须有自动防冻装置，以防止积水结冰膨胀造成热水器损坏。

（11）热水器的加热功率及容量须符合设备表上所述要求。

（12）每台热水器须最少配备下列设备：

① 适当口径的冷、热水进出水接驳口。

② 排水阀及通气接驳口。

③ 泄压阀及安全阀。

④ 温度调节器。

⑤ 高限恒温器。

2）附件

（1）所有热水器附件应能适用于操作环境的温度。连接附件的物料不应因该温度或任何温度转变而受影响。

（2）温度感应组件/温度计及压力表的接驳及接口应采用焊接套筒。另外应提供温度/压力测试用插塞，供温度及压力感应组件应用。

（3）每个热水管道单元须配备一切配件，包括温控元素及控制箱，使安装时只需驳上管道即可操作。

5.2.3 实施

1）安装

（1）须按所预定的位置/基座装设热水器，并须预留足够的维修操作空间。有关安装程序须遵照厂家提供的建议。

（2）安装热水器时须提供足够的阀门，使在拆除任何部件时，无须排出热水器内的热水。

（3）须按图纸所示及制造厂家的建议提供控制设施。

（4）须提供控制设备，使日后的操作及维修工作能易于执行。

（5）按热水器生产厂家的意见及招标图纸所示，提供承托结构、支撑、支架、吊架、固定螺栓等所需的设备。

（6）按热水器生产厂家意见及招标文件所示，安装有关管道及配件。

2）测试

热水器本身的基本测试及启动应于制造厂内进行，承包单位须提供该测试证明文件给业主审核。

5.3 雨水调蓄及回用系统

5.3.1 总则

1）说明

（1）本章规定了雨水调蓄和回用系统设备及其他有关雨水调蓄及回用系统设备的设计、供应、安装所需的各项技术要求。

（2）雨水调蓄及回用系统须满足国家和当地相关规范要求。

2）一般要求

（1）所有送抵工地的设备均应是簇新的，并有标示以利于辨别其等级。

（2）安装前的设备须装箱保护。

3）质量保证

提供的设备应为至少有 5 年生产此类设备经验的厂商的产品。

资料呈审：

（1）提供详细的施工图、设备选型及计算书等供审批。

（2）提交完整的目录资料和关于材料及设备的装配图、测试证明书等以供审批。

（3）提交厂家印刷的安装、操作及维修手册，应指出操作程序和维修程序。

（4）提交齐全的配件表及厂家建议的后备配件表。

5.3.2 产品

1）安全分流井

（1）安全分流井用于连接雨水汇集管、雨水收集管和弃流管。

（2）雨水汇集管标高高于雨水收集管，弃流排污管低于雨水收集管。

（3）降雨初期,弃流控制器关闭,初期雨水经弃流管直接排入雨水排水管网;当弃流控制器开启时,雨水通过雨水收集管进入复合流过滤器,再进入雨水蓄水池。

2）截污挂篮沉淀装置

雨水截污沉淀装置采用 PE＋PPB 外壳,内置不锈钢 304 提篮及过滤网,可以有效拦截较大固体污染物,从而保护后期设备的正常运行。清理时只需要在地面拉起提手即可方便清理过滤产生的污染物。

3）弃流装置

（1）所选用的弃流装置及其设置应便于清洗和运行管理。

（2）弃流装置外壳材质为 PE＋PPB,内置不锈钢 304 提篮及过滤网。

（3）弃流装置内置水流堰挡板、控制阀、控制球。

（4）屋面雨水初期弃流厚度 2～3 mm,路面雨水初期弃流厚度 3～5 mm,绿地雨水初期无须考虑弃流,当拦截的水量达到设定值时弃流终止。

（5）雨水弃流装置当达到设定的弃流量时,排污口自动关闭,停止弃流,进行雨水收集,内置的不锈钢过滤网可以对收集的雨水进行过滤,过滤产生的污染物会留在排污口箱体内。降雨结束后,排污口自动打开,过滤的污染物将随剩余水流排出,装置恢复原状,等待下次降雨。

4）复合流过滤器

复合流过滤器采用折流、逆向流的复合流原理,不间断对雨水进行分离过滤。设备过滤精度为 1 mm,无须人工操作,不设反洗过程。设备材质为不锈钢。

5）水池/水箱

（1）蓄水池/调蓄池

雨水蓄水池/调蓄池为 PP 模块蓄水池/调蓄池,蓄水池兼作沉淀池,池内设有排泥泵（兼作事故排水泵）,排泥泵定期启动将池底沉淀杂质排出。

（2）清水池

① 雨水清水箱为 PP 模块清水池且经卫生防疫部门认可的产品。所有配件、密封接口及内涂层所采用的材料应具有化学稳定性和无毒性并经有关部门认可,不得影响水箱内所贮存的水质。

② 雨水清水箱须固定于由建筑承包人提供的混凝土基础上。水箱底部基

础的详细资料和所需土建施工图必须呈交发包人/发包人代表作审批。

6）混凝剂

（1）过滤器前投加聚丙烯酰胺或氯化铝，将原水中较小颗粒的杂质混凝成大颗粒的胶团，截留在过滤器之前。运行中根据水质变化适当增减，不间断连续自动投加，并与循环水泵联锁。

（2）混凝剂投加系统由药桶、搅拌器、计量泵组成，计量泵采用进口产品，由不锈钢材质制造。

7）压力砂缸过滤器

（1）砂缸过滤器及吸附过滤罐应为直立式。过滤器出水浓度要求不大于 1 NTU。

（2）滤水系统的设计将考虑在清洗过滤器时不影响雨水回收系统正常操作。

（3）过滤器的工作滤速应不超过 12 m/h。集水采用缝隙式集水系统，设有表面冲洗装置。

（4）砂缸过滤器的反冲洗周期：当滤前水头与滤后水头之差达到 49 kPa时，即进行反冲洗，每周不少于 1 次。其反冲洗强度：12～15 L/(m² · h)，反冲洗历时为 5～7 min。

（5）每台过滤器必须设有其所需附件，包括过滤器内部零件、自动排气阀、闸阀、压力表、人孔盖、滤镜、法兰或螺旋纹接口等。

（6）过滤器的外壳应为玻璃纤维增强塑料或由高碳钢片焊接而成或由相等认可的物料制造，其水压试验应能不少于 400 kPa 及维持不少于 3 h 而没有任何渗漏等现象。

（7）承包人须自行提供及安装砂缸过滤器及吸附过滤罐内的过滤、吸附媒介，其中砂缸过滤器应包括不同等级的硅砂媒介等。其数量应按照雨水调蓄及回用系统容量决定。

（8）活性炭压力过滤罐包括电焊低碳钢缸壳，缸壳上设有喷嘴平板、内部分配装置、过滤媒体支架、出入口法兰接驳位、泄水管、检修口（直径不少于 500 mm），表层及内层应用与反应缸相同的油漆。

（9）碳性媒体以粒状活性炭为主，表层面积为 600～1 600 m²/g。

（10）承包人在投标时，须把此类砂缸过滤器及吸附过滤罐的有关资料与标书一同呈交。

8）次氯酸钠消毒设备

（1）处理后雨水经次氯酸钠消毒，根据水质变化自动投加含氯浓度为 3 mg/L 的次氯酸钠溶液。接触时间大于 30 min 后，余氯≥1 mg/L。

（2）系统由投药桶、搅拌器、计量泵组成，计量泵采用进口产品，由不锈钢材质制造。

9）流量计

所提供的流量计必须连隔离旋塞。

流量计应为转子式，配有耐腐蚀胶管及有关附件，方便连续监察在正常运作及反冲时的流水量。

5.3.3　实施

（1）所有设备应按照制造厂家安装说明书规定的方式安装，并须预留足够的维修操作空间，以保证设备的正常运作。

（2）承包人应在安装前呈交一份详细的安装说明书及进度计划表作审批。

（3）所有配件涉及土建预留部分，安装前应与建筑承包人配合，协调后才可施工。

6

智能化系统技术管理要点

6.1 综合布线系统（含网络设备）

6.1.1 总则

本部分所指出的技术要求并不限制本承包商去选择设备与材料以求能够满足系统要求。应选择正确的设备与材料，以达到能完成这个系统的目的。

（1）本布线系统旨在建立一个具备灵活性、实用性、扩充性、经济性及安全性的高品质的集话音通信、数据通信、楼宇自动化于一体的综合布线系统。具体内容：标准化的布线系统、设计满足各种规范、技术指标及产品标准，并可提供多厂牌产品的支持能力。实施后的布线系统将为数据、语音通信提供实用的、灵活的可扩展的模块化介质通路。

（2）布线设备包括信息模块、面板、非屏蔽线缆、跳线、网络配线架、光缆、光纤配线架、光纤接插件、工具及耗材，设备应为端对端同一厂家产品，满足布线技术上的各种需求，并保证系统的完整性、保证工程的产品质量和后续布线系统的升级及长期易维护性。未指明的设备/部件应由承包商选择配备以适应系统的要求。应采用其等级与已指定等级相似的材料/设备。

（3）工作区水平网络6类跳线要求为原厂原装产品，并与综合布线线缆以及信息面板同品牌。

（4）承包单位须根据本技术规格说明书的要求及图标，设计、供应完整的综合布线系统，包括安装接线、测试及试运转资料。系统须依照制造厂商的规范要求进行布线及安装，并须保持最佳的运转情况。

（5）承包商应按照相应的规范条例保持主设备间和网络设备连接的一致性。

（6）承包商应负责为系统正常运行提供任何特殊安装设备或必要的工具。包括但不仅限于电缆端接工具、铜缆/光纤的测试和接线装置、通信装置、电缆卷或电缆圈的支架。

（7）承包商应确保指定敷设的线缆不超过最大拉力范围，并且悬索曲度在安置设备时须维持在正常的范围内。不依照正确的指导施工，需要承包商提供额外的材料和必要的人工，费用由承包商承担。在施工期间线缆有任何损坏，承包商同样负责承担其损失。

（8）承包商应安装与经批准的图纸文件一致的设备或电子设备。任何设备如未在本技术规格说明书内或图上提到，但为系统的运作所需，也须包括在本合约工程内而无额外增费。

（9）承包单位应提供所有必需的螺栓、锚栓、压紧装置、接线、绕扎、分配环、各种接地与支撑硬件等。

（10）整个系统应按下列标准的最新修订本进行设计与制造。如当地的法令或规范更严谨，则应优先遵守有关的法令或规范。

（11）布线系统须获得由制造商原厂签发的 25 年产品及系统担保证书。

一般综合布线系统分设以下几个系统：

① 工作区子系统。

② 配线子系统。

③ 干线子系统。

④ 设备间子系统。

⑤ 建筑群子系统。

⑥ 管理子系统。

⑦ 进线间子系统。

1）工作区子系统

（1）一个独立的需要设置终端设备（TE）的区域宜划分为一个工作区。工作区应由配线子系统的信息插座模块（TO）延伸到终端设备处的连接缆线及适配器组成。

（2）每一个工作区信息插座面板应配置一个底盒。

（3）信息插座模块安装的底盒大小应充分考虑水平线缆终接处的盘留空间和满足线缆对弯曲半径的要求。

（4）信息插座应支持不同的终端设备接入，每个 8 位模块通用插座应连接 1 根。

（5）4 对对绞电缆；对每个双工或 2 个单工光纤连接器件及适配器连接 1 根。

（6）2 芯光缆。

（7）信息插座模块宜能与不同厂家的面板配套安装。

（8）信息插座面板应具有防尘盖。

（9）安装在地面上的接线盒应防水和抗压。

（10）安装在墙面或柱子上的信息插座底盒、多用户信息插座盒及集合点配线箱体的底部离地面的高度宜为 300 mm，以图纸为准。

（11）每个信息插座附近至少应配置 1 个 220 V 交流电源插座，强弱电管线、信息插座与电源插座应按规范要求保持相当距离。

（12）工作区的电源插座应选用带保护接地的单相电源插座，保护接地与零线应严格分开。

（13）工作区设有 CP（集合点）箱的，应在箱内设置相应的铜缆、光缆配线架，并根据数量考虑 CP 箱的尺寸，每个 CP 箱内还应预留电源插座。

2）配线子系统

（1）配线子系统应由工作区的信息插座模块、信息插座模块至电信间配线设备（FD）的配线电缆和光缆、电信间的配线设备及设备缆线和跳线等组成。

（2）缆线应采用非屏蔽或屏蔽 4 对对绞电缆，在需要时也可采用室内多模或单模光缆。

（3）线缆宜采用在吊顶、墙体内穿管或设置金属密封线槽及开放式（电缆桥架、吊挂环等）敷设。当缆线在地面布放时，应根据环境条件选用地板下线槽、网络地板、高架（活动）地板布线等安装方式。

（4）FD 与电话交换配线及计算机网络设备之间的连接方式应符合以下要求：

电话交换配线的连接方式应符合图 6 - 1 的要求：

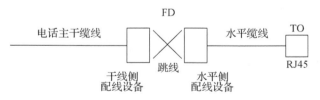

图 6 - 1 电话配线连接方式图

计算机网络设备连接方式应符合图 6 - 2 的要求：

图 6 - 2 网络设备连接方式图

3) 干线子系统

（1）干线子系统应由设备间至电信间的干线电缆和光缆、安装在设备间的建筑物配线设备（BD）及设备缆线和跳线组成。

（2）所需要的电缆总对数和光纤总芯数应满足工程的实际需求，并留有适当的备份容量。主干缆线宜设置电缆与光缆，并互相作为备份路由。

（3）主干缆线应选择较短的安全的路由。主干电缆宜采用点对点终接，也可采用分支递减终接。

（4）如果电话交换机和计算机主机设置在建筑物内不同的设备间，宜采用不同的主干缆线来分别满足语音和数据的需要。

（5）在同层若干电信间之间宜设置干线路由。

（6）主干电缆和光缆所需的容量要求及配置应符合以下规定：

语音业务，大对数主干电缆的对数应按每个电话 8 位模块，通用插座配置 1 对线，并在总需求线对的基础上至少预留约 20% 的备用线对。

数据业务，主干数据光纤应按每 24 口或 48 口交换机对应一对光纤（当数据业务量较大，一台交换机可实现多光链路聚合），并应保证至少有 1 对备份 1 对冗余。

当工作区至电信间的水平光缆延伸至设备间的光配线设备（BD/CD）时，主干光缆的容量应包括所延伸的水平光缆光纤的容量在内。

4) 设备间子系统

（1）设备间是在每幢建筑物的适当地点进行网络管理和信息交换的场地，主要安装建筑物配线设备。电话交换机、数据交换机、计算机主机设备及入口设施也可与配线设备安装在一起。

（2）在设备间内安装的 BD 配线设备干线侧容量应与主干缆线的容量一致。设备侧的容量应与设备端口容量一致或与干线侧配线设备容量相同。

（3）BD 配线设备与电话交换机及计算机网络设备的连接方式亦应符合配线子系统的要求。

5) 建筑群子系统

（1）建筑群子系统应由连接多个建筑物之间的主干电缆和光缆、建筑群配线设备（CD）及设备缆线和跳线组成。

（2）CD 宜安装在进线间或设备间，并可与入口设施或 BD 合用场地。

（3）CD 配线设备内、外侧的容量应与建筑物内连接 BD 配线设备的建筑群主干缆线容量及建筑物外部引入的建筑群主干缆线容量一致。

6）管理子系统

（1）管理子系统将所有子系统连接在一起，它包括设置硬件标识来区分回路。使用跳线连接的回路，跳线长度应为 3 m，且应为厂商标准非屏蔽软跳线，自制线是不被许可的。

（2）管理子系统应由铜缆配线架或光纤互连装置组成，所有设备的配置应在安装前得到业主/监理/顾问的批准。

（3）提供的配线架应包括支持水平布线的端口和连接至交换机的端口，有如下特征：

25 in(1 in＝2.54 cm)机柜/机架式安装，每个端口要求带有色标。

配线架模块技术规格与信息插座要求一致，同时配线架为模块化设计。

配线架的背后要求配备托线架，用于绑扎双绞线，提高模块端接的长期可靠性。

适合 22～24 AWG 实心或标准配线。

数据配线架前面应该提供跳线的 RJ45 插座，后面应为向终端布线的打线孔。

（4）所安装的设备

所安装的设备应符合标准的 19 in 的设备、跳线和配线管理柜。应有插孔以保证用标准螺丝安装配线架、网络设备和配线管理柜。该插孔设计应灵活，以便适应不同种类的配线架、跳线线槽及设备和配线管理柜的安装。

机柜应分为服务器机柜和配线机柜，服务器机柜深度不小于 1 000 mm，配线机柜深度不小于 600 mm。

机柜内空位应配置盲板。

（5）对设备间、电信间、进线间和工作区的配线设备、缆线、信息点等设施应按一定的模式进行标识和记录，并宜符合下列规定：

综合布线系统工程宜采用计算机进行文档记录与保存，简单且规模较小的综合布线系统工程可按图纸资料等纸质文档进行管理，并做到记录准确、及时更新、便于查阅；文档资料应实现汉化。

每一电缆、光缆、配线设备、端接点、接地装置、敷设管线等组成部分均应给定唯一的标识符并设置标签。标识符应采用相同数量的字母和数字等。

设备间、电信间、进线间的配线设备宜采用统一的色标区别各类业务与用途的配线区。

7) 进线间子系统

(1) 进线间是建筑物外部通信和信息管线的入口部位,并可作为入口设施和建筑群配线设备的安装场地。

(2) 主干电缆和光缆、天线馈线等室外缆线进入建筑物时,应在进线间成端转换成室内电缆、光缆,并在缆线的终端处可由多家电信业务经营者设置入口设施,入口设施中的配线设备应按引入的电、光缆容量配置。

(3) 进线间应满足缆线的敷设路由、成端位置及数量、光缆的盘长空间和缆线的弯曲半径要求,同时须具有充气维护设备、配线设备安装所需要的场地空间。

(4) 与进线间无关的管道不宜通过。

6.1.2 系统设备

1) 非屏蔽双绞铜电缆(水平配线)

(1) 铜缆线缆采用 6 类非屏蔽铜缆,带线对隔离器的 4 对 6 类 23 AWG 非屏蔽双绞线(UTP)。6 类双绞线必须采用线对隔离结构设计,从而能达到更好的柔韧度和节省更多的线槽空间。

(2) 外皮:低烟无卤产品。

(3) 带宽:250 MHz。

(4) 水平子系统电缆长度为 90 m 以内。

(5) 电缆应符合 EIA/TIA—568A 标准及 ISO/IEC/TIA 草拟标准第 6 类 UTP 的要求,提供话音及计算机数据的水平配线。

(6) 对于 6 类低烟无卤线缆,须提供第三方权威测试机构出具的至少满足 IEC 60332-1-2 阻燃标准的检测报告。

2) 大对数电缆(语音垂直主干)

(1) 垂直主干电缆应为 25/50/100 对(按图纸要求)形式。

(2) 电缆应符合或超过 EIA/TIA—568 A 标准及 ISO/IEC/TIA 草拟标准第三类 UTP 的要求,提供话音级及垂直主干配线。

（3）规格：通用圆形结构，便于桥架、管线施工。

（4）LSZH。

3）语音配线架

（1）规格：100 对配线架，背后直接进线，多条独立进线导向线槽，可现场快速组合安装。所有跳线采用暗藏式走线方式，以保证系统的美观并可实现快速跳接。

（2）标准：TIA/EIA 568B 和 ISO/IEC 11801。

4）光纤电缆

（1）承包单位应按图纸和规格说明书的要求提供 OS2 单模光纤电缆。电缆须满足高速计算机资料和影像信号的需要。

（2）电缆应备有下列形式：48、24、16、8、6、4 芯（按图纸要求）。LSZH，电缆须经 UL 实验室认可，符合 ULOFNP 防火等级。

（3）光纤电缆应符合 Bellcore、FDDI、EAI/TIA—492 及 ISO/IEC11801 标准，并符合 EIA/TIA—455 商业楼宇布线标准。

（4）光纤缆线应符合表 6-1 中的要求：

表 6-1　光纤缆线要求表

		单模
缆芯		$9~\mu m \pm 2~\mu m$
覆盖层直径		$125~\mu m \pm 1~\mu m$
外层直径		$250~\mu m \pm 15~\mu m$
缓冲层直径		$890~\mu m \pm 50~\mu m$
光纤最小弯曲半径		1.91 cm
最小弯曲半径	安装中	20 倍电缆直径
	安装后	10 倍电缆直径
工作温度		（$-20 \sim +75~℃$）
储存温度		（$-20 \sim +75~℃$）
最高损耗		3.5 dB/km@850 nm 1.0 dB/km@1310 nm

5）UTP 线缆配线架

（1）承包单位应按照图纸和规格说明书的要求提供配线架。配线架须满足电话、计算机数据和影像信号的需要。

（2）配线架应适合于非技术人员操作，只需简单地推进和拉出一些跳线即可容易地重新布置线路。

（3）配线架应符合 EIA/TIA—568C 标准对 UTP 配线的要求，以适合该配线架的应用需要及所接驳的 UTP 铜线。

（4）配线架的终端块须为 110P 类型或 IDC 类型。

（5）配线架总为前端接入式安装设计。

（6）配线架满配 24 口模块。

（7）配线架以 RJ45 插座作配线模式，支持双绞线连接。

（8）配线架宽度尺寸标准为 EIA25 in。

（9）配线架须带有可拆卸的背部理线杆，并带有图像及颜色指示。

（10）配线架背部应为 RJ45 插座的电气线路板提供金属罩进行封闭保护。

6）非屏蔽信息模块

（1）非屏蔽 RJ45 模块插座。

（2）匹配线规：22～24 AWG；6 类网线。

（3）卡接次数≥750 次。

（4）打线方式：T568A 或 T568B。

（5）端接：模块进线处是十字分割设计，确保每一对线缆互不干扰，而且准确端接。

（6）工作温度范围：－40～＋70 ℃。

（7）安装方式：45°斜插或 90°平面。

（8）颜色编码：模块的标识颜色编码与电缆的颜色编码一致。

（9）外壳材料：阻燃级别 UL 认证 NEC 的 94V—0。

7）6 类非屏蔽双绞跳线

（1）跳线应是在制造厂组装好的电缆，两端有插头，适用于所提供的配线架。跳线的所有电缆芯应漆上指定的颜色。

（2）数据级跳线的型式应符合 EIA/TIA—568C 标准或同等标准要求，并适用于所配的配线架。

（3）话音级跳线应备有 1、2、3、4 对的型式及多种长度。数据级跳线则应为 RJ45 型号，备用多种长度以适合实际环境。

（4）插拔寿命≥750 次。

（5）要求提供原厂成品跳线。

8）光纤跳线

（1）跳线应是在制造厂组装好的光缆,两端有 LC 插头,适用于所提供的配线架。

（2）跳线的型式应适用于单模或多模光纤线缆。

（3）跳线应备有 1 或 2 芯的型式,长度不小于 3 m。

（4）光纤跳线在每端应采用 LC 陶瓷连接插头终接。

（5）要求提供原厂成品跳线。

9）信息插座

（1）除特别注明外,信息插座连接须按 ISO 8877 及 ISO 603.7 及第 6 类草拟标准,为模块式 8 针 RJ45 插座。电缆连接须按 T568B 标准执行。

（2）面板颜色为白色,单位或双位,斜口并带有防尘盖弹板插口。

（3）各信息插座输出口须为模块式结构。

（4）须按图纸所示,提供单位及双位插座,并提供话音/数据识别符号。除特别注明外,4 对双纹电缆均须端接妥当。

10）机架及机柜

（1）各楼层的配线架采用 19 in 的机柜,符合 ANSIEIA—310—C19/ETSI/标准,经过 CE 及 UL 质量认证,且制造厂经 ISO 9001 认证。

（2）机柜上面必须装满固定仪器设备面板的螺丝及铁条,螺丝可旋入深度达 8 mm 以上。

（3）机柜为标准 19 in 42U 机柜,机柜尺寸须适用于更加广泛的设备安装要求。整体由独立框架组成,框架采用优质一次滚轧型材,柜体采用厚度不低于 2 mm 的冷轧钢板,九折型材,冷加工工艺,保证至少使用 10 年不变形,静态负荷>1 000 kg。

（4）采用前、后网孔通风钢板门,前门单开,后门双开,通风孔面积>65%,开启度≥135°。开孔率应考虑满足高密度计算要求,后门要求双开门。机柜的前后门均采用内嵌式带把手安全门锁,机柜的前后门及侧板均采用可拆卸式结构,门体和柜体之间有软导线连接,导线截面不小于 6 mm。柜体应有接地端子,保证柜体可靠接地。

（5）外观设计典雅，工艺精湛，尺寸精密。机柜外观颜色为黑色，机柜框架、前后门及侧板的喷涂均采用先进的喷涂技术，框架采用电泳技术的漆池浸泡工艺，框架内外均应均匀附着漆粉，以保证框架的钢板在使用过程中内外均不生锈。

（6）机柜箱体及附件不能有皱纹、裂纹、毛刺、焊接等痕迹；门与门框的缝隙不能超过 1.5 mm，且四周缝隙均应保持一致；门应开启灵活，不能有卡阻现象。

（7）机柜前后均可安装设备，外部线缆可以从服务器机柜的底部、上部或后部自由进出。可提供多种机柜内部线缆的走线方式，如垂直或水平走线、前部或后部走线，用户可以任意选择。

（8）托盘安装高度可调，最小调整高度不小于 20 mm。正确安装后，托盘与机柜底面应平行，托盘应无明显隆起与凹陷。安装后，托盘与支架的间隙不应大于 2 mm。结构上应便于托盘装卸。

（9）左右侧板及前后门应设计为在不使用工具的情况下即可方便装卸。安装后，从机柜内侧分别对各护板施加 100 N 的力，各护板不应脱离原位。每组机柜配置一副侧板。

（10）机柜有较好的稳定性，柜体发生 10°倾斜不应翻倒。在最不利的位置对设备施加水平方向 130 N 的力，设备不会翻倒。在最不利的点上施加 800 N 垂直向下的力，设备不会翻倒。将柜门打开 90°角，在门顶部最远处施加 10 N 垂直向下的力，机柜不得倾斜。

（11）机柜左右两侧上下各两块实心侧面板，免工具安装顶板，4 个垂直框架立柱，4 个可调节的垂直安装角导轨，2 条可安装 PDU 的垂直理线器，4 个调平地脚和 4 个脚，并配备接地螺栓。机柜后部空间设计专用配电通道，可免工具垂直安装插线板。机柜顶部有走线孔，机柜顶部设计可安装顶部走线槽，每个机柜预送两个及以上托盘。机柜设计符合国际标准 EIA—310—D。机柜通过 Blade.org 认证。机柜的静态承重不小于 1 000 kg（由角轮和地脚支撑）。

（12）每个机柜均设置固定钢架（包括所有机柜承重支架）。网络列设置一个机柜为配线柜，配线柜向后排服务器每个机柜部署 12 芯光纤并用法兰盘成端。信息机房内法兰盘均使用 LC 端口。

（13）SPCC 优质冷轧钢板制作。

（14）机柜必须有接地端。

（15）机柜是经过烤漆处理的，每台机架必须附支撑板 2 块、支架 3 组、2 个四位 PDU 和 4 个风扇。

11）核心交换机

（1）交换容量≥20 Tbps；转发速率≥3 000 Mpps。

（2）主控板槽≥2，业务插槽数≥6。

（3）虚拟化：支持跨设备链路聚合，单一 IP 管理，统一的路由表项；支持通过标准以太端口进行堆叠，可实现链式堆叠和环形堆叠等多种连接方式。

（4）主控交换卡、电源、接口模块、网板等关键部件可热插拔。

（5）以太网支持万兆接入万兆上联。

（6）路由协议：支持静态路由和 RIP、OSPF、BGP 等动态路由协议，支持 RIPng、OSPFV3、IS—ISV6、BGP＋FORIPV6、IPV6 策略路由。

（7）本次项目要求实配 VXLAN 功能，与核心交换机实现 VXLAN 组网。

（8）配置模块化冗余电源、冗余风扇。

12）汇聚层交换机

（1）交换容量≥2.5 Tbps；包转发率≥1 000 Mpps。

（2）48 个 1/10 GESFP＋光接口，2 个 QSFP＋光接口。

（3）扩展插槽≥2 个，可扩展 10 GE/40 GE 光接口板。

（4）以太网支持千兆接入万兆上联。

（5）本次项目要求实配 VXLAN 功能，与核心交换机实现 VXLAN 组网。

（6）配置模块化冗余电源、冗余风扇。

13）接入层交换机

（1）根据信息点位设计情况，可选择支持 24/48 个 10/100/1 000 M 以太网电接口的交换机。

（2）业务参数：选用 1 000 兆位以太网交换机。交换容量不少于 528 Gbps，24 口交换机包转发率不少于 108 Mpps，48 口交换机包转发率不少于 174 Mpps，每台交换机提供 24/48 个 10/100/1 000 Base-T 自适应以太网端口，4 个万兆 SFP＋端口。

（3）数量：按图纸配置。

（4）提供信产部入网证和检验报告。

14）POE 接入层交换机

（1）业务参数：选用 1 000 兆位以太网交换机。交换容量不少于 528 Gbps，24 口交换机包转发率不少于 108 Mpps，48 口交换机包转发率不少于 174 Mpps，每台交换机提供 24/48 个 10/100/1 000 Base-T 自适应以太网端口，4 个万兆 SFP＋端口。

（2）24 口 POE 对外供电功率≥370 W。

15）防火墙

（1）用途：为网络提供接口，支持信息发布及多用户信息查询。防火墙采用 1 000 M 以太网与核心交换机相连，吞吐率≥1 Gbps，固定千兆端口数≥6。

（2）采用基于状态检测的过滤防火墙技术。

（3）集传统防火墙、VPN、入侵防御、防病毒、数据防泄漏、带宽管理、Anti-DDoS、URL 过滤、反垃圾邮件等多种功能于一身，全局配置视图和一体化策略管理。

（4）网络技术：支持 HTTP、FTP、TELNET、POP3、SMTP、NNTP 等协议；实现 IP 地址与 MAC 地址捆绑、用户与 IP 和 MAC 绑定，支持静态 NAT 及动态 NAT，并能够实现一对一、一对多的地址映像、透明模式、混合模式。支持扩展 IPS 功能。

16）无线局域网控制器

（1）机型：插卡式无线控制器或独立式无线控制器。

（2）AC 可靠性：支持多 AC 备份（1＋1、N＋1、N＋N）。

（3）VLAN：支持。

（4）组播：支持组播。

（5）Qos：支持。

（6）支持各种数据加密形式。

（7）漫游：支持无线终端跨 IP 子网的快速无缝漫游。

（8）可管理 AP 接入数不少于 500 个。

17）室内 AP

（1）工作模式：支持胖/瘦 AP 两种工作模式。

（2）协议支持：支持 802. 11b/g/n、802. 11acwave2/n/a 或更高。

（3）接口≥1 个 10/100/1 000 Mbps（RJ45）。

（4）支持 2.4G、5G 双频。

（5）2×2 MIMO。

（6）虚拟 AP：支持多 SSID。

（7）电源：支持 POE 受电。

（8）IPv6 支持：支持 IPv6/IPv4 双栈。

（9）工作信号：－60～－65 dB。

（10）加密：支持。

18）室内面板 AP

（1）协议支持：支持 802.11b/g/n、802.11acwave2/n/a 或更高。

（2）接口≥1 个 10/100/1 000 Mbps(RJ45)。

（3）支持 2.4G、5G 双频。

（4）支持 MU-MIMO。

（5）带一个环出网口。

（6）工作信号：－60～－65 dB。

19）室外 AP

（1）工作模式：支持胖/瘦 AP 两种工作模式。

（2）协议支持：支持 802.11b/g/n、802.11ac/n/a 或更高。

（3）接口≥1 个 10/100/1 000 Mbps(RJ45)或 SFP 光纤直连端口。

（4）支持 2.4G、5G 双频。

（5）工作温度：－40～＋65 ℃。

（6）最大发射功率：27 dBm。

（7）IPv6 支持：支持 IPv6/IPv4 双栈。

（8）防护等级：IP68。

20）室内高密度 AP

（1）为高密度人员聚集场景提供更丰富的频谱资源，要求本区域 AP 设备采用 2.4G/5G 双频并发设计。

（2）带机量：50 台以上。

（3）协议支持：支持 802.11b/g/n、802.11acwave2/n/a 或更高。

（4）4×4 MIMO。

（5）支持虚拟 AP(多 SSID)之间的隔离。

（6）电源：支持 POE 供电。

（7）接口≥1 个 10/100/1 000 Mbps(RJ45)。

21）网管软件

（1）要求资源拓扑、告警、性能等功能模块，支持多服务器分布式虚拟化部署，可实现负载分担。

（2）支持 VCF 的统一管理和软件升级，拓扑可展示 VCF 内部 CB 和 PE 之间的连接关系。

（3）支持网络管理与用户管理联动，如通过点击拓扑楼层接入交换机图标，可查看该设备所有接入用户账户信息，查询在线用户列表、强制用户下线、下发消息、总在线用户数统计、不安全用户数统计等。

（4）支持网络管理平台实现设备管理与流量分析联动，如通过点击拓扑某链路可查看该链路的关键应用流量分布、关键用户流量使用等。

（5）支持虚拟网络资源管理、虚拟网络拓扑展示、虚拟网络告警管理、虚拟网络性能监控、虚拟交换机配置管理、虚拟网络配置迁移管理。

（6）支持网络运行设备的软件版本查询功能，支持先备份后升级，保证一旦升级失败后可以恢复到原有设备软件版本，支持对整个升级过程的可靠性检查，如设备软件版本和设备是否配套、flash 空间是否足够等，确保用户的整个升级操作万无一失。

根据预定义的联动策略对匹配的事件（trap）执行联动控制；支持各类安全威胁的分析和联动（支持防火墙、IPS、交换机、终端软件等上报信息的分析）；支持在拓扑中显示攻击路径、攻击源等节点信息。

22）专用的设备与工具

（1）承包单位应在系统测试和投入运行开始时提供下列工具和设备。这些工具和设备应是新的、在这个工程中从未用过的。

（2）光损耗测试装置：这个装置应是手提式测试装置，包括一个光功率表和一个交流电或干电驱动的稳定光源，所测试的功能应全部为微型计算机控制。

（3）UTP 铜电缆测试装置，测试带宽最少为 250 MHz，测试项目应包括 TIA—568 或 ISO 11801 标准中的各项内容。

6.1.3　测试

（1）所有测试应在业主/监理/工程师到场的情况下进行，并使其满意。承包商应提供所有必需的测试仪器、备用件、消耗品、连接器和能够进行测试和安装的熟练工人。

（2）所有测试仪器应具有调校证书。所有调校证书应是与测试仪器厂商无关联的独立授权的检测实验室出具的。该证书应清楚指出调校的标准和参数。

（3）光损耗测试装置：手提式测试，包括一个光功率表和一个交流电或干电驱动的稳定光源，所测试的功能应全部由微型计算机控制。UTP 铜电缆测试装置：测试带应满足相应带宽要求，测试项目应包括 TIA—568 或 ISO 11801 标准中的各项内容。

（4）配线测试应先于系统的试运转实施，100％的水平布线和管井配对审查并测试断路、短路、极性颠倒、移位、交流电压。语音、视频影像和数据的水平布线配对应测试从信息插座连接到各自的管井。

（5）结构化综合布线应在无辐射的环境里或采用非屏蔽措施使其受到最小干扰。测量可以参考如下测试：

① EB55022

此标准依据 CISPR Publication 22，包括所处技术构件的散热、辐射和传导的任何形式。

② IEC801 第三部分（EN55024，第三部分）

此标准依据 CISPR Publication 24，包括干扰电磁场的设备。详细说明了测试方法、测试程序和严格程度。

③ IEC801 第四部分（EN55024，第四部分）

此标准同样依据 CISPR Publication 24，包括干扰传导的快速瞬变设备并明确发电设备的规范、电容器和脉冲。同样介绍了测试的设置和程序以及严格程度。

（6）布线工程完工后承包商应随即提供如下文件，以便于网络基础设施的试运行：

① 连接器的测试结果，应包括一个列出成功/失败的结果的详细列表和每一个连接器的明细报告。

② 一套最终的布线线路的 CAD 图纸（竣工图纸）。

③ 厂商的结构化通信布线系统施工依据的证书。

④ 线路和内部连接图表。

⑤ 标签的对照表。

⑥ 应提交一份最新的设计文件译本,详细说明确切的布线的基础构造。

⑦ 承包商提供的硬件操作手册。

⑧ 电缆的标贴信息的电子文档应为标准化格式以便结合线路管理子系统。

（7）标识

① 所有的信息插座端口应贴有标签并反应在线路详图中。

② 所有的配线架端口应贴有标签,以反应连接的网络信息插座端口。

③ 应给予每条配线设备上的电缆以唯一的标志,并标签于每条电缆的两端。

④ 所有在各个位置的标签应能使用至少 2 年。为便于用户做标记,承包商应在合同最后提供额外的无标号的标识。

⑤ 所有标签应是机器印刷而不是手写的。

⑥ 如选用粘贴型标签时,缆线应采用环套型标签,标签在缆线上至少应缠绕一圈或一圈半,配线设备和其他设施应采用扁平型标签。标签衬底应耐用,可适应各种恶劣环境;不可将民用标签应用于综合布线工程;插入型标签应设置在明显位置,固定牢固。

⑦ 在标记前标签格式应得到业主/监理/工程师或用户的核准。

⑧ 承包商还应提供从系统试运行开始不少于 24 个月的质保期。保证书应保证所有的设备和服务,不承担额外设备费用。在此质保期,所有有缺陷的零部件从故障产生起 24 h 内应被替换或修复。

⑨ 此外,承包商及供应商应无条件地提供如下 15 年的保证书：

被动保证书应是在保质期内免费以原厂零配件更换有缺陷的部分（及置换的人工费）。性能保证书承包商应无条件提供 15 年的系统性能厂商认证,结构化综合系统应能够在保质期内支持所有目前或将来某种特定类型的布线及其性能的一致性。在该保证书保证的范围期内,提供免费的更换零部件服务及人工。

EMI/EMC 保证书承包商应无条件地对该系统的电磁兼容/电磁干扰提供 15 年的厂商认证。结构化通信布线系统无论现在还是将来应不易受外部电磁干扰影响,也不会发射电磁干扰影响其他设备。在该保证书保证的范围期内,提供免费的更换零部件服务及人工。

6.2 无线对讲系统

6.2.1 总则

1）说明

（1）无线对讲系统是一个放射式的双向通信系统，使用于在非固定位置执行职责的保养、保安、操作及服务人员的联络。

（2）承包单位须负责为本项目提供设计、供应、安装、测试及试运转的，以使业主满意的无线电对讲系统。

（3）本承包单位须负责系统内所有设备、配件及电线管的安装及布线，且包含因装修设计改变及系统深化所必需敷设的管线。因厂家设备增加及位置改变所需的明敷或预埋管线均须在本单位承包范围之内。

（4）承包单位所提供的设备、仪器、工具、控制配件等必须是最新的型号，替换部件须能够在损坏责任期完结后的 5 年内提供。

（5）所有同一种类的设备及材料须为同一厂家的产品。而设备的相似项目必须是可互相交换的。

（6）设备及系统在接受采用后两年内可能出现任何由于设计错误、不正当的施工、部件故障所引起的部件损坏使系统不能正常运行，承包单位必须使系统正常运行达到业主满意的程度，一切费用由承包单位负责。

（7）样本须提交业主审核，所有设备及配件必须在业主批核后才能订货。

（8）系统设备须包括为实现所要求功能而必需的所有设备、电缆、供电电缆、供电组件、人工及一切附件和所有的服务。

（9）以下的资料须与议标书一起提交：

① 由当地无线电委员会或有关部门所发的认可证书。

② 完整的中文说明书、图纸及规格书。包括涉及的所有提供设备的每个项目。

③ 完整的价目表。

④ 两年维修期的推荐部件及其单价。所有备件须在业主要求时才可订货。

（10）放射的网络及无线电接收须有足够的功率可覆盖本项目的所有地方。

（11）系统的操作方式须是当地无线电委员会或有关部门所认可的双频双向自动重复方式。

（12）承包单位须与当地无线电委员会或有关部门联络关于系统操作的频率、最大有效功率、频道空间、认可频道、频率容忍度等。

（13）公共区域、电梯厅覆盖区域内 95％位置的接收信号电平不小于－85 dBm。

（14）停车库、电梯内部、主要设备机房区域 95％位置的接收信号电平不小于－90 dBm。

（15）建筑红线内室外区域 95％位置的接收信号电平不小于－90 dBm。

（16）消防车辆停靠区域 95％位置的接收信号电平不小于－90 dBm。

（17）建筑红线范围外 3 km 范围内，可测得信号不高于－105 dBm。

2）资料呈审

在正式书面获知中标后四星期内，订货和安装前提交下列各项文件供审批：

（1）设备与部件的详细清单、制造厂的数据与样品。

（2）接线系统图和详细的接线图。

（3）控制/显示图解法的详图、图解法的详细布置与略语。

（4）深化设计图。

（5）经当地无线电委员会批准的应用频道。

（6）对建筑的要求。

（7）对运行与试验步骤的建议。

（8）同轴电缆连插头。

在提交上述样品的同时，须提交设备材料彩色图片供确认，要求承包商必须在彩色图片上加盖公司印章，彩色图片必须能够清晰地分辨出设备的型号及外形样式。

在竣工，即设备完成测试及交付使用前，必须提交下列各项供批准和审阅：

① 竣工图。

② 完整的试验和试运转报告。

③ 制造厂商印制的安装、运行和维修说明，包括所有设备的安装和操作程序、接线详图、回路接线详图、零件清单、建议的零配件清单、所提供的零配件清

单以及建议的维修内容和频率。

6.2.2 系统设备

本系统须包含但不限于以下设备：

（1）对讲机。

（2）传放器。

（3）接收器。

（4）天线/泄漏电缆。

（5）合路器。

（6）分路器。

（7）蓄电池。

1）中继台

（1）承包单位在投标时须提供中华人民共和国工业和信息化部对所建议的基站的型号核准证书及检测报告。

（2）系统须附有扩容功能，如频道增容，日后可扩容至 100 部对讲机。

（3）每个中继台支持 2 个独立频道同时工作。

（4）含 4 个独立频道，频段：403～470 MHz。

（5）射频输出功率：25～40 W。

（6）数字灵敏度：$0.3\ \mu$V（5%BER）。

（7）信道间隔：12.5/25 kHz，4FSK 数字调制。

2）对讲机

（1）特征：带黑白屏幕，设计给手提及挂在身操作。内置话筒、扬声器、按手开关、电源开关、声量控制及频道选择。可以实现模拟、数字模式。

（2）电源：锂蓄电池（不少于 2 200 mAh）及须配备电池操作显示灯。

（3）构造：坚固及有防潮功能、传放器及接收器结合的固态技术。

（4）射频输出功率：1～5 W。

（5）操作频带：403～470 MHz（频率须按当地无线电委员会或有关部门规定）。

（6）防护等级：IP57。

3) 合路器

(1) 插入损耗：小于 2 dB。

(2) 信道间隔离：65 dB。

(3) 输入端口电压驻波比：1.25∶1。

(4) 输出端口电压驻波比：1.5∶1。

(5) 连续输入功率：75 W。

(6) 温度范围：−25～+55 ℃。

(7) 接口：N 型。

4) 分路器

(1) 增益：0～5 dB。

(2) 输入、输出驻波比≤1∶1.5。

(3) 输出间隔度：25 dB。

(4) 系统噪声系数：5。

(5) IP3：34 dBm。

(6) 输入、输出端口：N 型。

5) 双工器

(1) 频率间隔：10 MHz。

(2) (RX)插入损耗≤1.2 dB。

(3) (TX)插入损耗≤1.2 dB。

(4) RX 端对 TX 抑制度：75 dB。

(5) 电压驻波比≤1∶1.5。

(6) 最大输出功率≤50 W。

(7) 端口形式：N 型或可选用。

(8) 温度范围：−30～+60 ℃。

6) 定向耦合器

(1) 阻抗：50 Ω。

(2) 耦合度：6/10/15/20/30。

(3) 传输损耗≤1.5/0.5/0.2/0.15。

(4) 驻波比≤1.4。

(5) 最大承载功率：100 W。

7）功率分配器

（1）阻抗：50 Ω。

（2）隔离度≥20 dB。

（3）传输损耗≤3.2。

（4）驻波比≤1.3。

（5）最大承载功率：50 W。

8）室内天线

（1）驻波比≤1.4。

（2）阻抗：50 Ω。

（3）天线增益：2.5±0.5 dBi。

（4）手提对讲机信号须利用建筑户外/室内天线网络作传送及接收，亦须设计至能够调节发出辐射式样的场。

（5）承包人须提交施工图，表示天线的数目、位置及电缆路线。信号须覆盖本说明书所要求的地方，而增加的天线将不可另收费用。

（6）高挂柱上的户外天线须提供防雷设备及独立的防雷接地，接地电阻不应大于 10 Ω。

9）室外全向天线

（1）驻波比≤1.5。

（2）阻抗：50 Ω。

（3）辐射方向：全向。

（4）天线增益：5±0.5 dBi。

（5）最大承载功率：100 W。

（6）抗风：36.9 m/s。

（7）防护等级：IP65。

10）定向天线

（1）驻波比≤1.5。

（2）阻抗：50 Ω。

（3）辐射方向：定向。

（4）天线增益：1.5±0.5 dBi。

（5）最大承载功率：50 W。

11）射频同轴电缆

（1）工作频率：350～866 MHz。

（2）抗压：1/2″207/8″14。

（3）阻抗：50 Ω。

（4）驻波比≤1.15。

（5）传输损耗：1/2″≤5.1 dB/350 MHz/100 m；

7/8″≤2.7 dB/350 MHz/100 m。

12）蓄电池及充电器

（1）在本合约内，须为本系统供应电池充电器，放于消防/安防控制室内。

（2）电池可由分别的充电器充电。

（3）传送、5％接收及 90％接收准备时，电池操作周期须在重新充电后维持 9 h。

（4）充电电流的自动调整须与充电器结合以防止电池充电太久。

6.3　视频监控系统

6.3.1　总则

1）说明

（1）承包单位须为本项目提供视频监控系统的深化设计、供应及安装调试等。

（2）承包商须根据本技术说明书的要求及招标图纸，设计、供应符合相关规范要求的视频监控系统，包括安装、接线、测试及试运转。系统须依照制造厂商的技术要求进行布线及安装，并须保持最佳的运转情况。

（3）本节技术说明书规定可接受系统设备的最低质量标准及最少的使用功能。主要项目须采用标准设备、工厂式接线。不接受改装或改变接线的设备，以达到技术说明书所要求的功能。

（4）系统设备须包括为实现所要求功能而必需的所有设备、电缆、供电电缆、供电组件、终端、人工及一切附件和所有的服务。系统设备均须为最新型号，其中需更换的零配件必须保证在保养期终了之后的 5 年期内仍可以得到供应。

（5）本系统中使用的设备必须符合国家法规和现行相关标准的要求，并经检验或认证合格。

（6）由电梯轿厢内摄像机引至电梯机房内电缆，由电梯承包商提供及安装。电梯机房内的电线管盒及其连接端子由本承包商提供及安装。

（7）图纸中标示摄像机和其他设备的位置仅做指导用，其确实位置须根据最终的建筑图或内部装饰图确定，或按指示在工地现场加以调整。摄像机的安装方式须与内部装饰设计配合并经批准。本承建商须协调安装现场的建筑要求。

（8）承包商须提供安防系统相关点位联动关系表。

（9）所有设备的单价都应写在标书上，以便对将来的变动进行评估。投标单位所提供的设备应包括运行所需的一切部件及零件。

6.3.2 系统设备

1）摄像机

（1）摄像机须为适合于室内、室外和电梯轿厢，满足保安监视用途的视频摄像机。

（2）室内外装设的摄像机均须装入防护罩内并安装于适合的支架上。所有与防护罩内摄像机连接的电缆均须通过专用的插销与插座，以便于维修时拆除。

（3）摄像机头须具有标准型固定以适合配置所指定的各种镜头。镜头的规格应按实际情况配置。

（4）摄像机须有内置同步器，使在任何情况下均不会发生图像滚动并须能自锁于合成视频信号。摄像机配置垂直相位组件，以保持视频信号垂直同相，以便将垂直间歇转换，顺序扫描。由一只摄像机的输出转换至另一台时必须迅速而无干扰，不会令人察觉。

（5）这里规定的摄像机满足防护使用的需要，能给室内使用提供最佳性能和可靠性。

（6）摄像机有光束、聚焦控制器，无须卸去机套就能够得着，所有其他调节则都须先卸去机套。

（7）处于逆光场所的摄像机应具宽动态功能。

（8）摄像机具有国家相关部门检验检测证书。

（9）从正常监视转换至其他任何功能时均应用一个按键动作完成，如正常监视转换至重点监视、录像等。故须在监视控制屏上设置一个选择器。

（10）高清摄像机须符合，但不限于下列要求：

1080P 高清网络半球摄像机

视频参数

图像感应器： 不小于 1/2.8 in CMOS

分辨率： 1 920（H）×1 080（V）200 万像素

日夜转换： 彩色/黑白/自动

镜头类型： DCIris

自动光圈，手动变焦： 焦距范围 3～8 mm

最低照度： 0.01 lx 彩色，0.001 lx 黑白

红外： 30 m

AGC： 高/中/低/关

信噪比： ≥50 dB

宽动态： 120 dB

白平衡： 自动模式、手动模式

字符叠加： 支持

双向音频： 支持

压缩标准

视频压缩： H.265/H.264/MJPEG

报警事件

报警触发： 至少 1 个终端输入，智能视频移动侦测，指令报警

移动侦测： 支持

事件转发

事件服务器： FTP、SMTP、Web 浏览器

输入/输出

接口： RJ—4510BaseT/100BaseTX、BNC 模拟视频输出

音频输入/输出、报警输入/输出

系统复位/回复默认设置按钮

电气参数

电源： DC12V/AC24V、支持 POE 供电

工作环境

工作环境温度： －10～＋50 ℃

工作环境湿度： ≤90％（无凝结）

1080P 固定枪式网络摄像机

视频参数

图像感应器： 不小于 1/2.8 in CMOS

分辨率： 1 920(H)×1 080(V)200 万像素

日夜转换： 彩色/黑白/自动

镜头连接器： 标准 4 针 DC 光圈连接器

镜头座： CS 型底座

自动光圈,手动变焦： 焦距范围 2.8～12 mm

光圈控制： 自动光圈控制

最低照度： 0.01 lx 彩色,0.001 lx 黑白

AGC： 高/中/低/关

信噪比： ≥50 dB

宽动态： 120 dB

白平衡： 自动模式、手动模式

室内摄像机红外照射距离大于 25 m,室外红外照射距离大于 45 m

字符叠加： 支持

双向音频： 支持

压缩标准

视频压缩： H.265/H.264/MJPEG

报警事件

报警触发： 至少 1 个终端输入,智能视频移动侦测,指令报警

移动侦测： 支持

事件转发

事件服务器： FTP、SMTP、Web 浏览器

输入/输出

接口： RJ-4510BaseT/100BaseTX、BNC 模拟视频输出

音频输入/输出、报警输入/输出

系统复位/恢复默认设置按钮

电气参数

电源： DC12V/AC24V、支持 POE 供电

室外摄像机要求： IP67

工作环境

工作环境温度： −10～+50 ℃

工作环境湿度： ≤90%（无凝结）

鹰眼摄像机 3 200 万像素

图像感应器： 不小于 1/1.8 in CMOS

分辨率： 2×40 960（H）×1 080（V）

水平 360°连续旋转，垂直−15°～+90°（自动翻转）。

星光级低照度，不低于 0.002 lx/F1.5（彩色），0.000 2 lx/F1.5（黑白），0 lx with IR。

不低于 37 倍光学变焦，16 倍数字变焦。

红外照射距离不少于 150 m。

2）周界摄像机的分析功能

支持：越界侦测，区域入侵侦测，进入区域侦测，离开区域侦测，徘徊侦测，人员聚集侦测，快速运动侦测，停车侦测，物品遗留侦测，物品拿取侦测，可疑人员人脸抓拍。

3）拾音器

灵敏度： −30 dB

范围： 60 m² 可调

频率响应： 80 Hz～20 kHz

360°全向

电容麦克风

信噪比： ≥70 dB

自带摄像机连接线缆。

4）视频管理服务器

可管理 1 000 路以上视频。

可无缝管理视频、门禁、报警系统。

管理平台功能模块化设计，可根据需要进行扩展升级。

操作系统：　　　　　Windows Server 标准版

数据库：　　　　　　SQL Server 标准版

电源：　　　　　　　AC 100～240 V，50～60 Hz

5）流媒体转发服务器

提供至少 1 100 Mbps 码流并发接入和转发，支持 500 个设备；可接入主流厂家设备；支持以分布式方式接入管理平台。

支持掉电保护功能，有效防止数据丢失。

6）网络存储单元

（1）存储服务器

操作系统：　　　　　Windows Server 标准版

处理器（CPU）：　　　Intel 四核

缓存：　　　　　　　8 MB 高速缓存

内存：　　　　　　　4 GB，1 333 MHz

网络：　　　　　　　2×1 Gbps（双端口千兆位以太网，RJ45）

环境参数

工作温度：　　　　　+10～+35 ℃

储存温度：　　　　　−40～+65 ℃

相对湿度：　　　　　10%～85%，非凝结

认证：　　　　　　　CCC，CE，FCC，UL

（2）磁盘阵列

RAID 级别：　　　　RAID 0，1，10，5，6

网口：　　　　　　　4×1 GB 以太网

存储管理：　　　　　数据流稳定技术、局部热备和全局热备、多级 MAID、多重 RAID 级别

适用温度：　　　　　工作环境：+10～+40 ℃

非工作环境：−10～+70 ℃

适用湿度：   20%～80%

认证：   CCC、CE、FCC

存储：   24 盘位，支持 8TB 硬盘

（3）硬盘

24×7 不间断工作，超过 100 万 h 的 MTBF，小于 1% 的年返修率（AFR），可以在 75 ℃的硬盘温度下工作，启动电流很低。

容量：   单个硬盘不小于 8TB

7）视频解码器

嵌入式 Linux

视频解码格式： H. 264，MPEG4，MJPEG

分辨率：   QCIF/CIF/DCIF/2CIF/4CIF/VGA/QVGA/UX-
        GA/QXGA/HD720P/HD1080P

支持数字矩阵功能。

支持 32 路 HDMI、VGA、BNC 输出。

每路 HDMI 输出支持单画面，2×2,3×3,4×4 画面。

解码器支持 32 路 1 080 P 输出。

1 GB 以太网口，RJ45。

带图像拼接功能。

8）显示单元

（1）监控室设置监控电视墙与监控操作台，电视墙由 60 in 拼接监视器配合高清解码器以及拼接控制器组成。

（2）72 in 液晶屏分辨率：1 920×1 080。

（3）对比度：4 000∶1。

（4）亮度：720 cd/m^2。

（5）物理拼缝：小于 3.5 mm。

（6）为工业级面板，具有丰富的视频信号输入与输出接口 HDMI、DVI 等，支持图像翻转，白平衡调整，红外控制、RS232 环接控制，倍帧功能。为保证显示图像质量，采用数字电视墙，所有监视器支持全屏、4、9、N＋1、16 等分屏，具有调度、显示、控制摄像机功能，支持轮巡切换，轮巡时间可调，支持报警弹出窗口显示，支持电子地图。

（7）拼接控制器采用机架式结构，支持数字视频的矩阵切换、音视频编解码、大屏拼控、实时预览等功能。采用插卡式设计，可以插入多个DVI解码卡的灵活插入配置，支持正反双面插槽，主控板、视频解码业务板、电源、风扇等组件全部支持热插拔，方便使用和维护。

（8）工作温度0～60 ℃。

（9）工作湿度10％～90％。

9）视频监控系统控制柜

（1）承包单位须供应及安装专为本系统设备而设的专业饰面控制柜，控制柜须为标准产品，可为组合式。控制柜将设于安防控制室内。

（2）所有显示均须装设在带饰面监视柜内。

（3）控制柜背部须附有抽气扇设备。

（4）控制柜壁厚：不少于1.2 mm。

（5）配置至少一个五孔PDU。

10）综合安防集成管理平台

（1）安防集成管理系统是整个安防系统的集成平台，是视频安防监控系统、出入口控制系统、入侵报警系统的联动控制枢纽，也是与其他信息弱电系统如信息集成系统、安检信息管理系统、建筑设备监控系统、周界监控报警系统、火灾自动报警系统等的接口平台。

（2）通过安防集成系统，使这些子系统（如视频安防监控系统、门禁系统）互连互通，有效地整合所有技术资源与手段，形成功能完整、性能可靠的安全防范系统，满足各部门安全管理与生产运营管理的要求。闭路电视监控系统、门禁系统、防盗报警系统保证能够无缝接入安防集成系统中。

（3）系统应采用开放式架构和先进的系统集成技术。安防集成系统平台须是开放的系统平台，并允许通过开放式标准的接口协议接入第三方系统，或向第三方系统提供开放式标准的接口协议。该系统对所集成的各个子系统进行数据采集、联动处理和综合监视管理，是整个安防系统的核心和集成平台。系统应支持所有安防子系统的通信协议，通过网络层进行软件集成，而非简单的硬件联动。

（4）安防集成管理系统作为安全防范系统的运行管理核心和集成管理平台，能够提供一个完整的安防集成管理平台，能够对各个集成的子系统进行数据采集、联动处理和综合监视管理,并对各子系统之间进行有效的信息交换和联动控制。安防集成管理系统应采用通用的标准通信协议。

(5)管理中心服务器要求支持双机热备技术,确保故障后的数据和任务备份切换操作。网络视频存储系统要求提供 N+1 备份,确保故障后的数据和任务备份切换操作。承包商所提供的安防集中管理平台必须有类似规模的应用案例,并要求用户证明。

(6)管理平台应该具备下述功能,但不局限于以下功能:

① 系统故障维护管理功能。

② 分布式身份认证功能。

③ 支持集中管理或分散管理方式,不影响各子系统独立运行。

④ 矢量电子地图功能。

⑤ 支持各子系统图标在地图上显示及链接功能,当点击图标时能在大屏上显示该图标信息或视频图像。

⑥ 系统冗余备份功能。

⑦ 各子系统联动功能。

⑧ 与安防系统联动:如把发生报警区域图像投屏显示,把非法闯入门禁点位区域图投屏显示,打开该区域灯光等;与外部系统如楼控系统、消防系统联动功能等。

⑨ 报警信息和状态显示功能。

⑩ 支持 IE 远程监视和浏览功能。

⑪ 高级视频分析功能。

⑫ 系统紧急预案编程功能。

11)人脸识别

(1)视频监控系统需要中标单位根据标书所要求的功能进行软件开发,实现人脸识别报警等视频联动显示及中控室视频投屏,需要 2 次开发,投标价应该包含软件开发费用。

(2)识别正确率≥98%。

(3)平台基本功能

统计功能:进出人员统计及识别。

监控画面访问:分别或合并展示监控画面,在监控室设置显示屏。

名单设置：黑、白名单设置，黑名单报警、记录日志。

（4）报警模块

基本功能：针对黑名单、白名单信息提示。

报警展示：展示于管理界面。

报警分发：在外网支持下调用短信网关；调用微信、App。

客户端：在无外网支持下，定制内部网络使用的安卓及 IOS 客户端供护理人员使用。

6.3.3　施工

系统安装程序保安监控系统的安装主要包括摄像机与云台的安装、线路敷设、监控室控制及监视设备的安装、电源及接地保护装置的安装等方面。

为了提高保安监控系统安装的施工效率，承包商必须按下列安装程序进行：

① 根据设计图纸现场定位测量。

② 确认并调整已预埋管线。

③ 安装设备支架、控制台及监视器架，安装本监控室内的电源线槽，并局部调整已安装好的干线线槽及桥架等。

④ 清扫管路并放电缆。

⑤ 安装云台及摄像机防护罩、设备插头，线箱配线、接地线敷设。

⑥ 控制器及视频切换器等监控主机房设备安装。

⑦ 云台、摄像机、防护罩调试。

⑧ 摄像机、监视器安装。

⑨ 系统单机调试。

⑩ 系统调试。

⑪ 竣工验收。

1）摄像机安装

（1）摄像机安装前应按下列要求进行：

① 将摄像机逐个通电进行检测和粗调，在摄像机处于正常工作状态后，方可安装。

② 检查云台的水平、垂直转动角度，并根据设计要求定准云台转动起点

方向。

③ 检查摄像机防护套的雨刷动作。

④ 检查摄像机在防护套内的紧固情况。

⑤ 检查摄像机座与支架或云台的安装尺寸。在搬动、架设摄像机过程中不得打开镜头盖。摄像装置的安装应牢靠、稳固。

（2）从摄像机引出的电缆宜留有足够的余量，不得影响摄像机的转动。摄像机的电缆和电源线均应固定，并不得用插头承受电缆的自重。

（3）先对摄像机进行初步安装，经通电试看、细调，检查各项功能，观察监视区域的覆盖范围和图像质量，符合要求后方可固定。

2）线路的敷设、电缆的敷设应符合下列要求：

（1）室外设备连接电缆时，宜从设备的下部进线。

（2）由室外引入室内的电缆在出入口处应加防水罩。

（3）当电缆布线于室外，须使用特别的保护，以防止可能发生的任何机械性损坏。

（4）经过拉缆井的铠装电缆，须由其他人用沙土覆盖。不容许在地下布线的电缆上有接头，特别是在这类拉缆井内。

（5）导管、线槽内穿越墙壁地板的电缆都有防火隔离物，所有的电缆都不能有结头。

（6）在获得建筑师/工程监理/机电顾问批准后，同一根多芯电缆将可用于信号和控制目的。如系统的操作电压不是 380/220 V，插座/输出端不可以与一般动力及照明的中/低电压类型交换互用。

（7）用经同意的终端装置作为控制终端和电缆终端，可使用提议的连接器，但使用前须经顾问工程师批准。视频信号的终端要用核准类型的同轴插头连接器。

（8）线路敷设应符合《工业企业通信设计规范》（GBJ 79—1985）和《建筑电气设计技术规程》的有关规定。

3）监控室

（1）机架的底座应与地面固定。

（2）机架安装应竖直平稳，垂直偏差不得超过 2‰。

（3）几个机架并排在一起，面板应在同一平面上并与基准线平行，前后偏差不得大于 5 mm；两个机架中间缝隙不得大于 5 mm。对于相互有一定间隔而排成一列的设备，其面板前后偏差不得大于 5 mm。

（4）机架内的设备、部件的安装，应在机架定位完毕并加固后进行，安装在机架内的设备应牢固、端正。

4）控制台安装应符合下列规定：

（1）监控台应安装在室内有利于监视的位置，要使监视器不面向窗户，以免因阳光射入而影响图像质量。

（2）控制台应安放竖直，台面保持水平。

（3）附件完整，无损伤，螺丝紧固，台面整洁无划痕。

（4）台内接插件和设备接触应可靠，安装应牢固；内部接线应可靠连接，无扭曲脱落现象。

5）监控室内电缆的敷设应符合下列要求：

（1）电缆在地槽或墙槽敷设时，电缆应从桥架、控制台底部引入，将电缆顺着所盘方向理直，按电缆的排列次序放入槽内；拐弯处应符合电缆曲率半径要求。

（2）电缆离开机架和控制台时，应在距起弯点 100 mm 处成捆空绑，根据电缆的数量应每隔 100～200 mm 空绑一次。

电缆在地板下可灵活布放，并应顺直无扭绞；在引入机架和控制台后还应成捆绑扎。

在敷设的电缆两端应留适当余量，并标示明显的永久性标记。

各种电缆和控制线插头的装设应符合产品生产厂的要求。

监视器的安装应符合下列要求：

① 监视器可装设在固定的机架和柜上，也可装设在控制台操作柜上。当装在柜内时，应采取通风散热措施。

② 监视器的安装位置应使屏幕不受外来光直射，当有不可避免的光时，应加遮光罩遮挡。

③ 监视器的外部可调节部分，应暴露在便于操作的位置并可加保护盖。

6）接地

（1）系统的接地应采用一点接地方式，接地线不得形成封闭回路，接地母线应采用铜芯导线。本系统采用共同接地网，其接地电阻应小于 0.5 Ω。

（2）监控室内接地母线的路由、规格应符合设计要求。施工时应符合下列规定：

① 接地母线的表面应完整，无明显损伤和残余焊剂渣，铜带母线光滑无毛刺，绝缘层不得有老化龟裂现象。

② 接地母线应铺放在地槽或电缆走道中央，并固定在架槽的外侧。母线应平整，不得有歪斜、弯曲。母线与机架或机顶的连接应牢固端正。

③ 电缆走道上的铜带母线可采用螺丝固定，电缆走道上的铜绞线母线应绑扎在横档上。

④ 系统的工程防雷接地安装应严格按设计要求施工。接地安装应配合土建施工同时进行。

（3）室外摄像机须配防雷器并接地，电阻值应符合国家标准要求，验收时应提供测试报告。

6.3.4 调试

调试所需仪器如万用表、场强仪、示波器、信号发声器、噪声测试仪、波形监视器等均由承包商提供。

调试前的准备工作：

（1）电源检测 合上监控台上的电源总开关，检测交流电源电压，检查稳压电源装置的电压表读数、线路排列等。合上各电源分路开关，测量各输出端电压、直流输出端的极性，确认无误后给每一回路送电，检查电源指示灯等。检查各设备的端电压。

（2）线缆检查 对控制电缆进行校线，检查接线是否正确。采用 250 V 兆欧表对控制电缆绝缘进行测量，其线芯间、线芯与地线间绝缘电阻不应小于 0.5 MΩ。用 500 V 兆欧表对电源电缆进行测量，其线芯间、线芯与地线间的绝缘电阻不应小于 0.5 MΩ。

（3）接地电阻测量 安保监控线路中的金属保护管、电缆桥架、金属线槽、配线钢管和各种设备的金属外壳均应与地线连接，保证可靠的电气通路。

（4）单体调试在安装之前进行。对摄像机、镜头、控制器、监视器、电动云台等逐一进行调试并做好记录，直至各项指针均达到产品说明书的所列参数。当静止和旋转过程中图像清晰度变化不大，云台运转平稳、无噪声，电动机不发热、速度均匀时，可进行安装。

6.5 入侵报警系统

6.5.1 总则

（1）承包单位须为本项目提供保安报警系统的深化设计、供应及安装调试等。

（2）承包商须根据设计图纸及规范要求，设计、供应符合相关规范要求的入侵报警系统，包括安装、接线、测试及试运转。系统须依照制造厂商的技术要求进行布线及安装，并须保持最佳的运转情况。

（3）系统设备须包括为实现所要求功能而必需的所有设备、电缆、供电组件、终接、人工及一切附件和所有的服务。系统设备均须为最新型号。其中需更换的零配件必须保证在保养期终了之后的 5 年期内仍可以得到供应。

（4）图纸中标示报警探测器和其他设备的位置仅做指导用，其确切位置须根据最终的建筑图或内部装饰图，抑或按指示在工地现场加以调整。报警探测器的安装方式须与内部装饰设计配合并经批准。本承建商须协调安装现场的建筑要求。

（5）整个系统应遵守国内及国际有关标准和实施守则在建造、隔离、绝缘、接地、过载与短路保护、闪电脉冲电流与电弧保护的安全措施等方面的规定。

（6）系统电压建议为 100 V 以下，但在任何情况下不应超过 220 V。甚至当系统电压降至指定值的 80% 时，系统仍应能正常工作。

（7）所有部件在遇到错误操作或由于机械振动（在正常运行情况下很可能出现）而失灵时应不受损害。

（8）图像及声响报警的回路应相互间不受另一个线路的故障影响。

（9）一旦报警发生，图标与声响的报警信号仍应继续存在直到被确认。此时声响信号会停止，但图标信号须继续保留，直到报警点受到照料，发生报警至开关被复位为止。

（10）系统设备应有钥匙开关。只有被认可的系统管理人员可以关闭或接近电子线路。

（11）为加强保安程度及系统灵活性，系统须能够随意按用户要求增加报警点及防区扩展模块，而不必更改现有系统配置及电缆布线。

6.5.2　系统设备

系统由前端设备、防区模块、传输设备、报警主机、工作站等组成。

1）报警主机

（1）控制性能

应可以划分成至少 8 个子系统以及 3 个公共子系统。

可选择使用专用键盘布撤防开关锁，或无线按钮进行布撤防控制。

可以通过电话进行系统遥控。

150 个 7 级用户码。

可设置出入及周边防区响铃警示。

留守及快速布防时，自动旁路内部失效防区提供延时。

（2）防区特性

须具备挟持防区。

特别防区可设置响应时间 10 ms 或 350 ms。

防区扩展：最多可扩展到 128 个防区，可以使用无线或总线扩展。

（3）通信性能

须内置拨号器，报警时自动拨号报告。

须可存储 2～4 个电话号码，报警时自动向 110 报警中心或指定的电话拨号。

具有 RS232 串口、TCP/IP 网络接口等多种与报警管理主机的通信能力。

（4）电气性能

辅助电流：750 mA，12 VDC，须有过流保护。

12 VDC 7 AH 蓄电池备份。

（5）输出性能

报警输出 12 VDC/2 A。

须支持 96 个继电器输出。

（6）时间表控制功能

可以实现时间表自动控制功能。

2）控制键盘

较大 LCD 液晶显示屏，更方便使用。

可根据扬声器音识别系统状态，如进入/退出延时及其他报警状态。

不易混淆的状态灯指示。

具有 4 个或以上可编程功能键。

系统功能键标记清晰。

盒盖颜色能与场合相配。

3）防区模块

单路或多路防区模块。

应支持常开、常闭、带阻值的设定。

4）声光报警器

DC12/24V。

LED 高闪灯闪光频率 150 次/min。

声音≥110 dB/30 cm。

5）紧急报警按钮

（1）紧急报警信号按钮接线至防区扩展模块，经网络将信号传至中心。

（2）紧急报警信号按钮应是自闩型。已被激发的报警按钮在报警位置时应是自锁的，直到被一个特制钥匙复位为止。锁须为主钥匙系统的形式。常闭报警信号系统的接点材料须为银质或经批准的耐磨合金。接点的电压和电流额定值须在组件内部注明。

（3）此组件须适合齐平安装，适合于直接与规定的线路系统连接而不必增加暗装盒、封套、管接头等。

（4）86 盒安装。

（5）钥匙复位。

（6）阻燃塑料。

（7）具备 CCC 认证。

7

电梯系统技术管理要点

7.1 总则

电梯系统的机电管理要点包括电梯系统装置的设计、制造、供应、安装、调试、操作及维修等技术要求。承包单位须提供符合要求的工程建造及完成各项指标的细则,按要求提供一切所需的施工及监督人员、材料、工具、物料、设备、储存、有效的证件、图纸、临时施工措施、调试等事项。

7.1.1 电力供应

(1) 每部电梯的电力供应将由其他承包单位供应,并且用隔离开关或开关熔断器终接在各电梯机房中及自动扶梯井坑内,无机房电梯预留在顶层或基坑内。开关的位置由承包单位建议,但最终由业主和建筑师决定。由开关至电梯的一切设备(包括电线、电缆、线管、线槽等)须由承包单位提供。

(2) 所有电气装置必须符合以上条件的电力供应并为供电部门所接受,经由业主和建筑师批准。

7.1.2 包装及工作保护

(1) 所有运送到工地的设备必须为全新,须适当地包装及保护以防止在搬运过程中、不好的天气或其他环境中受到损坏。再者,所有设备须安放在制造商原本的包装箱及/或用盖保护。

(2) 任何设备/材料/附带物品在运送中或工地中受到损坏时,承包单位须退回及更换该损坏物件而不能另收费用。损坏物件被退回所损失的时间或费用不可考虑作为延长合约期的理由。

(3) 付运时间须配合总承包的进度预计,所有因承包单位过早付运而需要储存至设备/材料/附带物品等而产生的费用须由承包单位负责。

7.1.3 完成加工及样本

在完成工作之后且移交之前,所有外露的金属和钢具必须涂上最后表层的油漆,表面不外露的门、框架、机械等可以在制造者工作时涂漆,条件是在涂上后能得到满意的效果。

油漆颜色,受过阳极化处理的铝、安全镜子和不锈钢板等的样本,在施工进行前必须交付业主和建筑师,以供选择和批准。

7.1.4　电气和电子设备

所有电气及电子装置必须符合相应说明书所说明的条例和规定。

1）控制开关

（1）开关、开关熔断器或熔丝开关,必须是金属外壳、防尘及高熔断量。其构造必须符合相关国家标准,机械操作必须是快开快合式而壳盖必须具备联锁作用,当开关在闭合通电时它的壳不能开启。

（2）所有熔丝必须为 HRC 管型,符合相关国家标准,除非经业主批准,不得使用其他类型。熔丝座和接片座及底座必须由经批准的塑胶铸模绝缘材料制造。

（3）当配电盘需要不同额定值的熔丝和接片时,熔丝或接片座必须有不同颜色或大小,使熔丝和接片不会被错误插入座里。

2）接触器

接触器必须符合相关国家标准。它们必须是单或三极,以需要而定,配有电弧护罩。所有主要和辅助接触点须设计在前面接近,线圈也是在前面接近,电压额定值必须是单相供应,电压的变化如相关国家标准所规定。除非业主和建筑师另外指定,一般用途的接触器按其电压及电流等级采用相应级别,而马达线路则须使用 AC-3 级,AC-3 级接触器应不受干扰。

3）电流变压器

电流变压器必须符合相关国家标准,其次级线组须接地,并且有次级线组永久闭合的电路。仪器用电流变压器必须是一级准确型。保护电流变压器必须是 5P 10 级准确型。

4）选择器开关

选择器开关必须是坚固设计和构造,旋转操作。

5）继电器

控制及辅助继电器须为插入型,支架安装,备有电缆连接插座,由快速连接防震动装置所固定。

6）接线座

（1）用于控制线路的接线座应具备适当的额定电流值，并应牢固地接线于两块被拴住的螺栓收紧的屏板间。接线座须具有可移动的铜连接线并接到短路的邻近端子上，或在需要使用接线座的地方采用合适的熔丝／熔丝座装配。接线座须适合不超过 100 ℃温度的工作环境。

（2）不同电压的电路接线座须分类，并清楚地标明，用坚固永久性隔板隔开。分类中的接线座须有透明防火塑胶盖。

7）电动机

（1）电动机额定值须是持续、热带气候防护，周围温度为 40 ℃，以 F 级材料绝缘网保护，适宜于以低启动电流提供高启动转矩。电动机的功率因数必须是不小于 0.85 且为供电局所接受。如果电动机的功率因数低于所规定的限制时，功率因数校正装置必须由承包单位供应。因装置功率因数校正设备而引起的一切费用和损失由承包单位负责。

（2）电动机必须适用于电源 380 V、3 相、50 Hz，须提供设备以限制起动电流，使之不能多于满载电流的 2.5 倍。

（3）电动机必须能持续在实际工作情况下：在 48～51 Hz 之间和电压变化在正常电压值的±7％之间操作。它们必须能输出额定转矩，在正常电压的 70％可运行 10 s 而没有严重过热，转差不得超过 10％。

（4）如有需要，电动机须备有单相防冷凝加热器。当电动机停止运作时，加热器便开启，反之亦然。加热器终端应设在独立的终端盒里及有警告标志，也可以放置在电动机终端盒内，但须与其他连接隔离。

（5）电动机终端盒的大小必须能使终端容易接近，还需要有空间以供电接头之用。

（6）各终端盒子须装备成可由底部及顶部作电缆进线，所有盒子须可转动至其他 3 个 90°位置，而不须改动终端座及终接。

（7）电动机终端必须是双头螺栓类型，完全密封，不受大气和电动机线圈影响。它们须是坚实设计，与框架完全绝缘。不可采用橡胶绝缘在线圈和终端之间的接驳。

（8）各电动机必须提供起重提环或吊耳。

（9）所有电动机须是商用宁静型及在操作时不许有噪声或震动。尽可能把电动机和带动机器安装在同一底板上。而电动机的主轴在转动时必须是动平衡。

（10）所有电动机须完全测试以符合相关国家标准。所有电动机必须有经销商或认可机构发出的测试合格证书，以证明电动机符合有关标准。在电动机送交工地前，所有电动机的测试证书必须以一式两份交付业主。

8）电动器启动设备

（1）所有启动器必须完全自动，整个是密封、防尘的，装有电弧护罩、过载保护器、指示器及联锁装置等。

（2）星/角启动器须安排使星型接触器开启在角型接触器关闭之前。星型接线运行时间应由一个可调校的自动计时器控制。

（3）电动机启动装置加设保护装置，对过流、过压、欠压、短路起到保护作用。

（4）符合相关国家标准。

9）保护装置

（1）过载保护单位必须是热敏式或经设计认可相同标准的其他方式。过载可最低调整定在满载的110％。

（2）所有电动机必须备有熔丝作后援保护。所有熔丝额定值必须适用于所控制负载，应经选择以保证主要和分支熔丝的鉴别。

10）其他附件

（1）限制开关和其他对位置变动反应的装置，必须是金属外壳类型，并有可靠迅速的反应。

（2）当使用微型开关时，传动机械必须设计恰当，以防止微型开关承受过多压力，同时确保两个方向的正确动作和稳定性。

（3）开关须由一可靠的机械传动做任何方向移动，为了达到操作目的，不能只依靠开关机械中的弹簧部分。开关和触发机械可随时接近，各自调整，调整完成后，必须有充足的设备能使它们锁定下来。

（4）控制开关须经批准，以确保各方面统一。它们的建造、安装和接驳必须能使其维修方便，不用拆卸。

（5）除另有批准外，所有控制、联锁装置和警报继电器，必须安装在随时可接近的位置，并且必须符合 IEC 60255-22-4-2008 的要求。

（6）安装在面板上的继电器必须有防尘外壳，适合于在板上平装。除了有特别需要绝缘的地方，金属底座和架必须接地。

11）布线

（1）承包单位必须负责供应、安装、终接和测试所有电缆线路，以确保合约提供的所有装置和控制系统能安全和正常运作。当控制线路处于不能随时接近的管道或控制线路电线伸展超过 15 m 时，应附加至少 10％备用电线在工作电线中。

（2）所有电缆必须是低烟无卤阻燃电缆，安放在镀锌钢管或镀锌钢缆槽内。

（3）所有电缆必须使用铜导线制造，电压等级为 600/1 000 V。若电缆尺寸少于 35 mm²，电压等级为 450/750 V，则电缆外层须是低烟无卤阻燃的。

（4）所有电缆线路必须整齐地敷设，安装在线槽或管道之内，与布置和装置配合。承包单位必须提供和安装所有支承钢件、支架、夹钳和其他固件以固定合约内所须供应的电缆，并且这类装备必须完全镀锌。

（5）电缆的绝缘颜色为两芯时，单相和中性电缆必须用红和浅蓝色；为三芯时，三相电缆用黄、绿、红色；为四芯时，三相和中性电缆用黄、绿、红和浅蓝色，保护线用绿/黄双色。

（6）承包单位必须负责确保电缆的额定值足以应付所需用途。在决定额定值时，必须考虑下列各因素：

① 负载。

② 故障程度。

③ 安装情况——敷设方法。

④ 分组法系数。

⑤ 电压降。

⑥ 温度因素。

（7）控制和信号电缆必须依据相关国家标准制造，电缆须为多芯，以实心铜导线组成，截面面积不少于 1.5 mm²，或是由业主批准。

（8）低电压电缆终端必须使用符合相关国家标准所有现行最新要求的电缆索头，配有保护套。终端在潮湿环境的，必须使用防风雨索头并有内外密封覆盖。

（9）所有电缆必须安放在管道或线槽。钢管和其设备必须是大厚度、螺旋式,依照相关国家标准镀锌,直径不少于 20 mm。软钢管必须是金属防水类型,电缆护皮及独立的接地电线用于连续接地。电缆线槽必须符合相关国家标准,最短为 2 m,用不少于 1.2 mm 镀锌钢板制造。线槽面盖须采用"铜扭头盖"型,若线槽铺砌地台上时须采用镀锌花钢板面。

（10）电线和多线电缆的组合必须用防水标志标明。

（11）电缆穿越墙壁或地板时必须安放于管道或线槽内,而管道或线槽内必须于墙壁或地板位置设有防火屏障,但管道或线槽内的电缆不可有接头。

12）随行电缆

电梯轿厢的随行电缆须符合 GB/T 7588.1—2020 第 5.10.6 节要求,其中的电线须包括以下电气及信号配线:用作电梯轿厢操作盘、司机控制盘、位置显示器等所有电源及信号配线,并提供额外 10％的备用电线。

（1）双绞电缆（twisted pair cable）

电缆须由镀锌软铜对线组成,以 PVC 绝缘并配以阻燃 PVC 护套,符合以下最低的条件:

① 每一条导线最少有 19 股。

② 每股直径不少于 0.21 mm。

③ 标称外直径不得大于 8.0 mm。

④ 绝缘厚度不得少于 0.55 mm。

⑤ 操作温度在 −20～+60 ℃之间。

（2）同轴电缆（coaxial cable）

同轴电缆须符合以下最低的条件:

① 电缆的阻抗为 75 Ω。

② 电缆是为发射 UHF 和 VHF 信号专门设计的铜电缆。

③ 电缆由不少于 1/1.12 mm 的单线或股线导线构成,用分隔式绝缘。

④ 电缆须以优质铜屏组成第二电线导体及有一个 PVC 护罩保护该铜屏。

⑤ 电缆须防机械损坏和防引起启动功能不良的电干扰,其信号强度不会过分衰减。

⑥ 信号的终端要用核准类型的同轴插座装置。

⑦ 电缆须具有抗拉特性。

（3）六类非屏蔽双绞铜电缆

① 承包单位应按照图纸和规格说明所示提供 24 AWG 的非屏蔽双绞铜电缆(UTP)。

② 水平电缆应为 4 对形式。

③ 电缆应符合 EIA/TIA—568A 标准及 ISO/IEC/TIA 标准 6 类 UTP 的要求。

④ 符合 UL CMR(CMR/LSZH)防火等级。

(4) 光纤电缆

① 承包单位应按照规范要求提供单模光纤电缆。电缆须满足高速计算机资料和影像信号的需要。

② 电缆应备有 8 芯。

③ 电缆须经 UL 实验室认可。

④ 光纤电缆应符合 Bellcore、FDDI、EAI/TIA—492 及 ISO 11801 标准,并符合 EIA/TIA—455 标准。

13) 测试

整个电力安装须依据国家有关规范及参考 IEE 最新电线敷设条例进行测试。

14) 接地系统

(1) 所有金属部分,除了成为电路一部分的,必须用经由业主批准的方法有效地与主要接地系统连接。

(2) 所有控制盘必须配有延续的接地杆,连续在盘的底部和主要的接地系统接驳。接地杆的横切面必须是由业主批准的。

(3) 电缆槽界面处须用铜接片接驳,用以接地。

15) 微型处理器

当采用微型处理器对电梯及自动扶梯进行控制时,必须注意下列要求:

(1) 微型处理器元件的制造须可适合在工程建设阶段安装和接线。微型处理器的电子元器件须可在后期,即当系统在试运转时拆卸和加上。

(2) 所有控制线路和系统通信必须能在微型处理器元件内终接。

(3) 微型处理器须可在电压和频率波动下仍能正常操作,也须为可能发生的瞬变电压和开关波动而设计。

16）固态硬体

当采用电子元件为固态硬体时，必须符合以下条件：

（1）固态硬体必须安装在可拆卸的印刷线路板上，线路板须有边缘连接器并且在连接点镀金，线路必须以锡铅覆层或用其他方法以防止氧化。

（2）所有在印刷线路板上的印刷线路连接必须用正确尺寸的衬垫制造。

（3）固态硬体必须有高水准消除噪声设计。固态线路的所有电力供应、输入和输出必须配备噪声压制装置。

7.1.5 降低声音和排除震动

所有装置必须能宁静操作，没有分裂或喧噪的声音。在有需要的地方须提供降低声浪的橡胶垫、吸收震动的缓冲垫、声学玻璃棉衬垫或其他设施，以排除震动和噪声传送。承包单位须提供一切额外措施，使所有仪器和机械操作时的噪声降至业主能接受的程度。所有电梯井道开孔必须适当绝缘及密封，而运作时所产生的噪声分贝标准必须符合当地环保部门的规定/要求，否则承包单位须负责修改直至完全符合规定/要求为止而不得增加任何费用。

承包单位须在设计中有全面性的声音及震动控制：

（1）对于所有电梯传动机械设备及其开关，包括轿厢移动、跳闸动作、信号、门动作及轿厢通风等项目应有全面的声音及震动控制，使到电梯机房的噪声，以距离任何发声物体 1 m 量度下不大于 80 dB(A)。在操作中，传动单位及其开关须有足够的震动绝缘。

（2）对于所有自动扶梯传动设备及其开关、梯级移动、跳闸动作、扶手带移动等项目，应有全面性的声音及震动控制，使到自动扶梯上下端出入口机房的噪声值以距离任何发声体 1 m 量度下不大于 58 dB(A)。在操作中，传动单元及其开关须有足够的震动绝缘。

（3）轿厢的垂直或水平震动加速度须应用三轴加速传感器以量度震动幅度，并以符合 ISO 8041 的过滤器处理。传感器应安放在轿厢地板的正中并紧贴地板且应搬掉地板上移动的被垫。其结果应低于以下数值：

垂直方向：25 Gal(peak to peak)。

水平方向：15 Gal(peak to peak)(1 Gal＝0.001g)。

（4）于任何厅站门前 1 m 及离开地面 1 m 高处摆放一声压计，以向上 45°

的方向指着厅门，量度开关门的噪声值应小于 65 dB(A)。

（5）于行驶中的载客电梯及载货电梯轿厢内，总体噪声水平在轿厢通风设备开动时应低于 55 dB(A)（电梯速度达 2 m/s 或以下）、60 dB(A)（电梯速度达 2.5 m/s 或以上）。噪声值须于离轿厢地面 1 m 摆放，以声压计向上 45°的方向指向轿厢门来量度。

（6）应无明显可感到的震动传入建筑物结构内，并且在传动机承托结构上测度得到的震动水平于电梯正常运作时不应高于 0.1 mm/s RMS。

（7）所有用作噪声和震动的控制安排须包括：① 导轨校正。② 制动器和跳闸的位置设定，以减小碰撞的噪声传至结构。③ 开关门动作安排，以降低碰撞时噪声传至轿厢或结构。

（8）详细的降低噪声和消除震动措施及安排须提交审批。

7.1.6　无线电抑制和电磁干扰

必须提供设备以抑制无线电和电磁干扰，须满足相关国家标准要求。所有电梯和自动扶梯安装的电磁兼容性须符合相关国家标准要求，承包单位须提供有关测试证明书交付业主和工程师。

7.1.7　告示牌和载重板

在每部电梯轿厢内，承包单位须安装不锈钢的告示牌，说明他们的公司名称、电话号码和紧急指示。承包单位必须在每部电梯轿厢内设置电梯证书架，以便安放有关部门发出的安全使用证书。

以人数和载重量说明电梯的额定负载的载重板，必须安装在每部电梯轿厢显著的地方。

应供应及安装自动扶梯证书架。证书架应安装于每台自动扶梯的上端出入口处，用以安放有关部门所有发出的合格证书。

有关电梯及自动扶梯的编号应采用 10 mm 高的字体刻在证书架上。

所有指示细则必须以中英文陈述，并且在制造前提交业主和建筑师审批。

7.1.8　操作与维修手册

（1）在试运行之前一个月，提交操作与维修手册的初稿，使业主及有关的人员能事前熟悉所安装设备和系统,手册内应包括竣工图、控制程式、操作和维修的程式。初稿的格式应与正式的操作及维修手册相同,如有专案须在正式竣工时或试转后才可完成,应加上临时的字句。

(2)在提交操作及维修手册前一个月,应提交一份草稿给业主审阅,此草稿应能反映正式的操作及维修手册的格式。

(3)应在保养期开始前提交通过审批被接受的操作及维修手册,所有手册应是中文说明,所需份数按照要求并提供软件存储,以 PDF 格式收录于光盘,手册内的说明书应是原厂印制,影印本将不被接纳。

(4)手册应采用硬皮钉装并应可拆除,使手册的资料可随时修订。手册应正确地加上目录,而且须在每章之间加上胶片,将每章分隔。

(5)每一本手册应包括不少于以下资料:

① 电梯及自动扶梯的所有图纸、线路图及控制图等。

② 所有设备的规格及操作详细说明文件。

③ 建议的润滑油及材料的清单。

④ 系统和配件故障说明,包括配件及装配图、一般事故说明。说明书可包括后备材料表、操作及使用手册。

⑤ 特别工具和测试器材表。

⑥ 建议的定期保养期及专案。

⑦ 建议的紧急安全程式。

⑧ 上班和下班时间紧急维修中心的电话、地址,以及负责人的电话。

7.2 电梯

7.2.1 设计总则

1)安装

本章涉及设计、供应、运输、安装、测试、试运转和投入使用的电梯。电梯的安装须包括所有劳工、为适应工地环境而设计的材料和装置,并在各方面符合各政府主管部门、国内规范(GB/T 7588.1—2020)和有关标准的要求,若国内规范(GB/T 7588.1—2020)内未有说明,将依据欧洲标准(EN81—1)。

2）安全可靠概念

当设计电路时，应考虑到所有可能造成故障的机会，包括电力故障。所有部件和装置必须经过选择、应用、安装和调整。若有任何装置或部分故障时，可以关掉系统和开动警钟。电梯应有手动控制操作的设备，使受困的乘客能够撤离。手动控制操作的下降速度不得少于 10 m/min。

3）轿厢载荷

支承系统必须在所有重量（包括装饰面重量、轿厢空调重量等）和不同重量分布的情况下，把轿厢平台维持在预定范围内的水平位置。

4）操作

所安装的系统必须能在合理宁静和平滑的情况下操作，同时也感觉不到震动。承包单位必须采取一切有效措施确保所提供的装置能满足上述需求。投标文件中必须包括有关吸音和防震的材料或工具，确保宁静和稳定性能达到满意的程度。由业主和建筑师最终决定系统是否满意。

5）加工图纸

所有电梯在厂家加工生产前须提供加工图纸给业主，在得到业主的书面确认后方可加工生产，同时须满足政府部门验收的要求。

7.2.2　导轨的供应和安装

导轨及其附件、接口和支架必须有足够强度以承受安全装置的应用，当停止满载轿厢或对重时，不会造成永久的变形。所造成的倾斜必须是极有限，不会影响电梯的正常操作。当电梯有地震管制运行时，所有导轨、支架及锚栓的设计应能抵受由地震产生的震动力并与建筑物结构同样保持不受损坏。

1）导轨

（1）须提供坚韧的钢导轨，以便引导配置在它们行程的电梯轿厢和对重。导轨必须经过选择、安置和调直以减少噪声。每根导轨必须有足够长度的机械导轨面，并且必须呈凹凸接合固定于导轨支架，使其在正常操作下倾斜不会超过 3 mm。

（2）导轨的机械面必须充分润滑以减少导轨和导靴的耗损，并确保有舒适的输送状况。

（3）固定导轨于支架和建筑物上，自动弥补因建筑物的正常沉降或混凝土的收缩所造成的影响。

（4）当电梯速度为 3 m/s 或以上时，所有导轨须于厂房预先装配、打磨并编号，运送至工地后按编号重新安装。

2）导轨支架

导轨支架必须安装在适当的间距，间距不能多于 2.5 m。必须用螺栓稳固地安装在包围电梯井道的墙或钢梁上。必须采用安装导轨支架钢筋混凝土墙的标准方法，不得使用预留在混凝土上的螺丝孔洞。若有需要，承包单位须提供额外钢梁于电梯井道及井道与井道之间，用以支撑导轨或导轨支架。

7.2.3 悬吊系统

1）钢绳

（1）用于悬吊电梯轿厢和对重的高质素多股钢线缆须有适当的直径、结构和数目，确保电梯正常操作。必须依据 GB/T 8903—2018 制造和测试，安全系数不得少于 12。

（2）钢丝绳的抗拉强度：

① 对于单强度钢丝绳应为 1 570 MPa 或 1 770 MPa。

② 对于双强度钢丝绳应为 1 370 MPa，内层钢丝绳应为 1 770 MPa。

（3）必须采用不少于 4 根互相独立的绳缆悬吊。

（4）若采用上述形式以外的曳引媒介，投标单位须提供相关技术资料以供审批。

2）滑轮及导向轮

必须使用铸铁或钢造的滑轮，使轿厢和对重的绳缆能得到完善的带动。滑轮的直径和切槽必须符合相关国家标准所定的条件。

（1）电梯轿厢在下降遇到障碍时，须提供钢丝绳松弛保护，使逻辑控制开启，令曳引机停止转动。采用开关时，开关必须特别构造，当钢丝绳松弛消除后不可自动复位。必须准备充足的措施以防止钢丝绳脱离滑轮。

（2）必须提供自动安全开关，当钢丝绳或同类设备出现故障时能机械性接驳到电梯轿厢的停止装置。

7.2.4　对重

1）对重

对重必须是铸铁，由对重块组成，紧缩地安装在一个结构或型钢框架内。设计可将重物稳固于固定位置，至少有两支钢联杆通过每一部分，钢联杆两头有锁螺母或开口锁，或用业主和建筑师认可的其他方法稳固对重。对重的重量等于整个电梯厢加上大约额定负荷的 $40\%\sim50\%$。

2）对重导靴

对重框架必须用其附设的上下端的对重导靴引导在各导轨上。所有对重导靴或部件必须能自动调直、自动润滑，并能容易更换或具有可以更换的靴衬。

3）安全网

对重须由电梯机坑地板上 300 mm 伸展至地板以上 2.5 m 的坚固金属网防护。

4）对重滑轮

用于对重的滑轮设备须满足相关规范，并经业主审批，以防止悬吊钢丝绳松弛、脱离轨槽，以及外物进入时积聚于线缆及绳轮之间。

5）补偿缆及绳

当行程高于 30 m 时，承包单位必须提供补偿装置以抵消由于钢丝绳随着轿厢上下运行而造成的长度变化对曳引机所承受的荷差。

当电梯速度为 2.5 m/s 或以下时，应采用宁静的补偿缆作为补偿装置，悬挂于电梯轿厢和对重下面。补偿缆的中间须有低碳钢组成的环链，中间填塞物应为金属颗粒、聚乙烯与氯化物混合物，形成圆形保护层，链套应采用具有防火、防氧化、防水的聚氯乙烯护套，补偿绳须有足够的长度以绕过底坑。

当电梯速度为 2.5 m/s 及以上时，应采用配备张紧轮于底坑的补偿绳作为补偿装置。若电梯速度为 3.5 m/s 以上时，还应增设一个防跳装置，以防止轿厢安全钳动作时对重所产生的跳动。

7.2.5　系统控制

通常电梯的安排必须依照以下其中之一的模式。控制须是自动/手动控制两用式。

1）电脑群控

（1）各电梯组需要有一个电梯群控制系统。此群控系统的设计须能应付不断改变及繁忙的客量需求，并且须为结合模糊逻辑监控及人工智能/神经元网络技术的新型先进的电梯组智能监控系统。

（2）此群控系统须包括但不限于以下主要特点及功能：

① 设有多位 32 bit 微处理器的神经元电脑系统以提供高速数据运算。

② 此神经元电脑须能像人脑般获取信息，从而使系统能于模糊逻辑监察有关的召唤配置及于有需要时改正该配置，以达到最适当的电梯召唤分配和改善有关的系统性能。

③ 此神经元网络须具有学习功能，包括初始化学习及线上适应性学习。此学习功能须得知电梯系统使用的情况，并当监察电梯系统表现时（例如厅站召唤平均等候时间等），通过此学习程序，从而产生一个适应本项目的客流情况的神经元网络。

④ 群控系统须管理个别电梯于梯组内的运行情况，从而以最高效率去应付不断变化中的电梯客运需求。群控系统须不断地评估运载量的需求，并且能够自动地改变最适合的调派电梯方法，以提供对于轿内及厅站呼唤最有效的响应来应付面临的客运需求。

⑤ 群控系统亦须采取一个精密有效的自动电梯门开启时间调节，通过稍微调节电梯门闭门前的持续开启时间，以保持轿厢的均匀调派，从而有助于防止轿厢拥挤的情况出现及延长乘客等候时间。

（3）群控系统的设计须具弹性，控制中枢须就每部电梯的位置、行驶方向、载重、速度等及所有轿内及厅站呼唤不断地进行监察，从而能够自动地调派最适合的电梯来应答这些厅站呼唤。

当电梯静止时，它们须停靠于预先决定的层区内。当一部电梯首先进入一层区时，该部电梯便被分派到为该层区服务。一部电梯可以行驶通过已被分派电梯服务的层区去搜寻一个尚未被占据的层区来停靠，并且当未有召唤时，所有停泊的电梯可以继续保持关门及停泊状态。

群控系统须采用超高速通信连接总线以增加通信速度或其他的高速通信系统，承包单位须提供资料以供审批。该总线的内部结构须能与群控系统及电梯控制盘次系统同时直接通信，以加快应答时间。

2）并联控制

（1）共享厅站装置须装设于各厅站入口之间。

（2）电梯应互相联系从而达到统一控制回应所有厅站呼唤。

（3）所有召唤被储存于控制系统内，不论该等待召唤记录的先后次序如何，召唤须按所要到的楼层顺序回应。

（4）当再无召唤被记录，其中一部电梯须被安排返回及停泊于首层，其间，另一部电梯应停泊于最高服务的楼层等待召唤。

（5）当所有轿厢停于同一楼层候命时，某一轿厢须按预先安排的次序回应厅站呼唤。

3）独立控制

（1）单一电梯须安排独自操作。

（2）单一电梯安排的，须在厅站入口的隔邻提供厅站按钮。

（3）无论登记时的次序如何，所有召唤必须储存在系统中，依照楼层回应。

（4）如果没有召唤，轿厢停泊在预设待命层等待召唤。

7.2.6 紧急操作

在火警的情况下，电梯会分组操作，模式如前详述，操作细则如下：

1）供电故障

假如供电故障，足够每组一部电梯使用的后备电力会从紧急后援发电单位/双回路后备电源提供。以干接触器形式的供电故障和发电机供电/双回路后备电源有效信号，将被提供及装置在每组电梯的其中之一间电梯机房内。当发电机供电/双回路后备电源有效信号被接收后，包含在电梯控制系统内的自动选择线路会按次序把组别中的每部轿厢发送回基站，任何轿厢或厅站呼唤将得不到应答，轿厢遂停在基站，将电梯开启 15～20 s 后，再关闭电梯门，电梯将停止工作。设在梯群监控盘上的手动操纵钥匙开关，可以选择每组其中一部电梯在接上紧急电源下继续操作。每当操作命令接收后，电梯轿厢不能在预定时限开动时，操作指令会被取消而转向另一部电梯。当恢复正常供电后，所有电梯应自动恢复正常操作。

2）火警信号

设在电梯机房的两组火警信号，将由消防装备承包单位提供，以干接触器形式供电梯接收作火警操作使用。火警信号将分别指示火警发生在基站或其他层站。当火警信号指示火警在某层站时,电梯会进行以下动作:

(1)已驶离基站并正向上行驶的轿厢,将在最近的楼层停下,并且保持电梯门关闭,之后直接返回基站。正驶向基站的轿厢则不会在中途停顿。电梯门打开的轿厢会立即关闭,直接驶向基站。

(2)当正常供电时,所有电梯应同时立即返回基站,打开门 15～20 s,之后关门及停止操作,直至火警信号消除并且在电梯监控盘以手动恢复电梯操作。

(3)当紧急供电时,所有电梯将逐一回到基站,打开门 15～20 s,之后关门及停止操作,直至火警信号取消,并且在电梯监控盘以手动恢复电梯操作。

(4)当火警发生在基站时,所有电梯应进行上述紧急操作,但应返回指定层。

3)后援供电

消防电梯须配有独立的紧急后援供电,在供电故障时仍能正常服务,电梯须进行火警操作如上文中所详述。但当按动了消防开关后,该电梯应立即恢复消防电梯服务。消防开关应该凌驾于所有其他服务及控制开关之上,不受任何操纵开关控制。

4)地震管制运行

承包单位必须提供地震管制运行及地震感应器。该地震感应器应为地面震动检测型,有良好的准确度,达 $\pm 5\%$ 以上,一般设在井道顶部的机房中或井道底部井坑内。若井道低于 45 m 时,可摆放于机房内。若井道高于 45 m 时,可摆放于底坑内。承包单位须与建筑师协调一个最佳的摆放位置。该感应器对初级地震波的感应灵敏,始震幅值应设定于 40 Gal(1 Gal＝0.01 m/s^2)或一由结构工程师指定之数值。当震动加速值超过 40 Gal 时,感应器须触发控制组件,使电梯进入地震管制运行。控制系统须同时发送所有电梯至最近的停层,维持开启机门 15～20 s,然后关上机门停止运作,直至电梯经检查/维修后再手动复位恢复正常运作。当紧急供电运行时,地震管制运行将安排电梯按次序逐一运行。

承包单位须就地震感应器的设定值及电梯的抗震特性,提供详细的地震管制运行流程图供建筑师审批。

5）建筑物过度摇摆管制运行

（1）设计要求

承包单位须对结构工程师提出的塔楼摆幅进行电脑仿真技术分析，以评估该摆幅对电梯系统，包括钢丝绳、随行电缆等的影响，并提供认可的抗摆动设备。该设备包括但并不限于电梯速度控制以补偿钢丝绳摆动、特制的改变拉力及防震设备，钢丝绳追随装置。制定电梯操作策略，包括避免停泊轿厢于某些楼层及找出非共振楼层，以防止钢丝绳及电线缠结、井道损坏及由钢丝绳和电缆对轿厢及对重造成的摆动效应。

（2）管制运行说明

承包单位须于最高楼层的特定位置内装设检测器以侦测塔楼于强风下的摇摆幅度，当摇摆幅度超过特定值时发出信号使电梯进入管制运行。承包单位必须提供有关检测器的详细资料供建筑师审核。

当塔楼摆幅不超过 300 mm（或由结构工程师所建议的一个每年发生一次的摆幅数值），电梯须维持正常运行。当塔楼摆幅进一步增大超过电梯正常运行时的水平，电梯须减慢运行速度或停泊于非共振楼层。假若塔楼在 5 min 内再没有受强风摆动，控制系统须取消慢速运行或停泊。承包单位提供有关管制建议书及技术分析以供审核。

6）紧急电池操作

当不能提供紧急后备电源时，具体要求如下：

（1）当供电故障时，承包单位必须提供紧急电池操作。

（2）在供电故障时，承包单位必须提供直流电池及由直流电池转换至交流电的设备，适合电梯的驱动系统电力要求。当电梯接收到供电故障信号时，电梯控制系统将不接受任何轿厢或厅站呼唤而直接运行至最近的楼层，把门开启15～20 s 后关闭便停止操作。当恢复正常供电及接收正常供电信号后，电梯应自动恢复正常操作。

（3）电池必须是镍镉电池连接于一套充电系统，能持续替电池再充电，并在 12 h 内完成再充电工作。充电系统必须能在完成任务后自动关断。电池的能量必须能供应不小于连续 15 min 的电梯操作。

（4）当供电故障及火警时，电梯控制系统将不接受任何轿厢或厅站呼唤，而直接运行至最近的楼层，把门开启 15～20 s 后，关闭并停止操作。当恢复正常供电及火警信号取消后,在电梯监控盘以手动恢复电梯操作。

（5）在电梯机房和电梯井道内,承包单位须负责供应与系统有关的所有线管、线槽、电缆、电线。承包单位还须提供由电梯井道和电梯机房之外的电线,线管和线槽则由其他承包单位提供,但确切的安装路线须由承包单位提出和协调。

7.2.7　门安全装置

所有门锁装置、门的开关、有关的开动杆、摇杆或接触器,必须适当地安装或受安全保护以保证从厅站或轿厢不容易接近。电梯轿厢不得开动或继续服务,直至所有厅站门和轿厢门都关闭和锁定,除了在开锁区域慢速平层或轿厢在平层的时候。在轿厢内亦不可以把轿厢门打开,除非轿厢是处在平层区域。

1) 轿厢门的安全保护

（1）安全触板保护装置:当梯门在开关过程中碰到任何人或物体时,触板被推入,通过控制杆端部压下微动开关触头,使门机迅速反转并重新打开电梯门。保护装置应由地坎上不大于 25 mm 处（有保护装置伸展位置测量）延伸至地坎上最少高度 1.8 m。

（2）光幕感应保护装置:光幕感应保护装置须安装在绝缘金属框架内,以保证电子设备和有关零件不会外露。该感应器在电梯门口形成一平面安全光幕。若关门时有任何人或物体阻挠,关门动作会立即停止,而门机迅速反转并重新打开电梯门,直至感应区内的障碍物消除为止,从而保持轿厢门有效操作。重开动作须在门撞到障碍物前有效。当到达平层后,须维持开门约 0.5～2 s 或更长时间（具体时间由乘客出入情况及感应器决定）,乘客通过后才会自动关门。感应器须是可靠的,不会受到湿度或温度转变的影响,并且在最少的保养维修下能提供长期稳定性,不受厅站装修影响。如使用司机控制轿厢,感应器操作则会被取消。此光幕感应器应能感应由地坎不大于 25 mm 处（由保护装置伸展位置测量）延伸至地坎上最少高度 1.8 m。

（3）若作用力感应器或光幕感应器被乘客或任何对象阻挡以致厢门开启超出预定时间时,轿厢会立即发出急速连续性的警告声音,2 s 后轿厢门便会以慢速关门。当轿厢门关闭后,警告声音亦随即停止。

（4）消防/载货电梯轿厢门须另设有光电管感应设备,用红外线穿过开门位置。

2）厅站门安全保护

各厅站门必须设有一个有效锁定装置，使门不能在厅站开启，除非电梯轿厢是处在特定的厅站和开锁区域。各厅站门亦必须设计能使轿厢无论是在任何位置皆允许受训及授权人士用紧急锁匙把厅站门开启。

7.2.8　终端停止和极限开关

各电梯井道必须设有终端停止开关和极限开关。这些开关必须受轿厢移动触及而操作。无论安装在轿厢构架还是电梯井道，这些开关都必须是密封的。

1）终端停止开关

终端停止开关在井道上限和下限内使用，可把由任何速度达到正常操作中的电梯自动停止下来而不受操作装置、极限开关和缓冲器影响。

2）极限开关

（1）极限开关必须能切断电梯电动机的电源，并能不受其他开关影响，独立地激活制动器。

（2）应在轿厢或对重接触缓冲器之前操作。当缓冲器受压缩时，极限开关的运作仍须维持。

7.2.9　电梯底坑设备

1）底坑停机开关

各电梯底坑必须设有停机开关，当电梯在"停止"位置时，会启动开关使电梯停止下来，不能再启动，直至该停机开关处于"操作"位置为止。

2）爬梯

在最底层地台和坑底之间由承包单位提供及安装爬梯及扶手，但位置须经业主和建筑师批准。

3）保护挡板/栅栏

所有危险部分必须有效防护。如有适用处，部件的设计应该能使其本身在缺乏外在式活动保护情况下，保证其安全性。当两部或以上的电梯安装在共用电梯井时，承包单位必须在底部两机之间设置坚硬的隔板或隔离网，高度不少于 2.5 m。

假如机顶和毗邻电梯的任何移动部分的距离少于 0.3 m 时,本承包单位应在底坑的底部至井道的整段高度安装隔板或隔离网。

4）缓冲器

必须在轿厢和对重之下设置缓冲器,用于在行程末端停止轿厢及对重。

缓冲器必须是油压式,额定速度不超过 1.0 m/s 的电梯可使用弹簧式,必须呈交工厂测试报告给业主和建筑师审核参考。

（1）安装

装置在坑底的缓冲器,必须安装在轿厢与对重导轨之间的钢槽上。

（2）特性

油压式缓冲器的全部冲程应至少等于在 115% 额定速度的重力制停距离,其间的平均减速不应大于 9.81 m/s²,而在 24.5 m/s² 的减速时间不应超过 0.04 s。缓冲器必须设计使减速率差不多是恒定的并能自动复位。

弹簧式缓冲器的全部冲程应至少等于 115% 额定速度的重力制停距离的两倍。缓冲器设计使在静止负荷为轿厢质量的 2.5～4 倍之间加上它的额定载重可以承受冲程（或是对重的质量）。

（3）延伸部分

必须提供所有需要的缓冲器延伸部分、支承的支架、适当高度的工作平台,以配合坑的深度。

7.2.10　安全设备

1）安全钳

每部电梯轿厢必须设有安全钳,只能在下降方向操作。在达到限速器的跳闸速度时,能够把满载的轿厢制停并保持静止状态,即使吊悬工具折断也可以夹住导轨,把轿厢支承在那里。若对重的下方有人能到达的空间,则对重必须装置安全钳,在到达限速器的跳闸速度时,能通过夹紧导轨而使对重制停并保持静止状态。

安全钳必须符合以下条件:

（1）只在升高轿厢时,轿厢安全钳才能释开,并且对重的安全钳亦只在升高对重时才能释开。

（2）轿厢安全钳和对重安全钳的动作应由各自的限速器进行控制。

（3）安全钳的应用不得使轿厢平台与地平线倾斜度大于正常运行时的 5%。

（4）安全钳不能因轿厢构架的震动而引发。

（5）安全钳应用时必须能使警钟响鸣。

（6）安全钳应是渐进式。

（7）安全钳须不依靠电力运作。

2）限速器

限速器必须是离心形，能在轿厢和对重速度超出正常时依据 GB/T 7588.1—2020 使安全钳起作用。限速器必须设置电力安全装置，能在限速器跳闸速度之前将电梯驱动主机停止运转。

限速器绳缆的直径不得少于 8.0 mm，必须是钢或磷青铜制及有适当结构的绳缆。若限速器绳缆断裂或松弛或过分伸长，须设有电力安全装置能够使电梯驱动主机停止运转。

3）轿厢上行超速保护装置

轿厢上行超速保护装置需符合 GB/T 7588.1—2020 中的要求并应作用于：

（1）轿厢。

（2）对重。

（3）钢丝绳系统（悬挂绳或补偿绳）。

（4）曳引轮。

如果该装置需要外部的能量来驱动，当能量消失时，该装置应能使电梯制动并使其保持停止状态，带导向的压缩弹簧除外。

4）相位保护设备

必须在每部电梯的控制屏内设置相位保护装置，以防止电梯轿厢在发生倒相、断相等事故时仍然驱动而发生错误操作。当装置激活时，会使控制屏的指示灯亮起，直至故障得到修理为止。

5）超重装置

每部电梯必须设置超重装置，能在轿厢负荷超过额定载重 10% 或以上时动作。这个项目是不允许超重装置安装在浮动平台的。

6）手动操作

须在机房内设有手动控制操作装置，能在紧急情况下用盘车手轮使轿厢升高或下降到一个层站，上升和下降的盘车方向必须清楚指示。当取下盘车手轮时，必须安放在电梯房内容易取得和显眼的地方，在其附近必须张贴显著的告示，并详细列出操作程序。

无机房电梯亦须配置手动控制操作装置，能在紧急情况下使电梯轿厢上升和下降，详细操作方式应由承包商于投标时加以说明。

7.2.11 电梯监控系统

1）电梯电脑监控系统

电梯总监控系统须设置在消防控制室，用以监控所有电梯的运作。承包单位须与其他承包单位协调有关的布置及安排。

（1）主监控盘必须具备中央处理器电脑智能型监察及控制系统。监控盘须包括但不限于以下装备：

① 具备中央处理器的电脑系统。

② 19 in 液晶显示屏。

③ 高速彩色激光打印机。

④ 输入键盘及其他电脑周边配件。

⑤ 供此监控盘最少 2 h 备用的不间断电源供应组（UPS）。

（2）中央处理器电脑及有关的外围配套设备须为最先进型号及类别，以达到所规定的功能。承包单位必须呈交监控盘详细资料以供审批。

主监控盘必须提供连续的监察及控制功能，包括但不限于以下项目：

① 轿厢位置显示。

② 运行方向显示。

③ 各种操作形式及情况显示，包括正常供电、停电、紧急供电、火警、地震管制运行、塔楼摇摆管制运行、相邻轿厢救援操作、消防机操作、电梯门开关情况、服务/停止服务情况、轿内召唤及厅站召唤情况等。

④ 故障/警报显示及记录，包括警报消声及复位控制。

⑤ 交通情况显示及记录。

⑥ 选择切换"正常操作"及门禁控制系统运行模式。

（3）主监控盘系统须能记录客流状况及提供实时的电梯状态供管理团队参阅。此外，此系统亦须能够提供各种图像显示及分析，例如厅站召唤分析、电梯状态变动、厅站召唤应答时间、厅站召唤细节及电梯行程分析。监控盘系统亦须能提供各机组过去 3 个月内的客流状况及电梯状态（包括故障记录）分析报告，以协助管理团队能定期了解及研究本项目的客流状况，并能够在此监控系统改变各种运行模式的启动设定。所有分析报告须可在其他电脑系统内阅览及印制。

（4）承包单位须提供副监控盘，此监控盘必须以发纹不锈钢面板完成加工，适合安装在墙壁/台上。副监控盘上各操作控制、对讲电话及各部电梯的警铃都必须接上紧急操作电池。副监控盘须包括但不局限于以下监察及控制功能：

① 主要对讲电话连接电梯轿厢、电梯机房及消防控制室（只适用于消防电梯）。

② 用于手动操控各电梯回归及停泊基站的锁匙开关及指示灯。当电梯停泊在基站及关闭后，指示灯会发亮；当电梯恢复正常操作时，指示灯会熄灭。

③ 在紧急供电情况下选择组内个别电梯维持运行的锁匙开关。

④ 火警管制运行操作复位开关。

⑤ 空气调节系统冷凝水满溢指示灯。

⑥ 楼宇管理系统信号终端接点。

2）警报

故障发生时，盘上的音频警报器会发出声音，有关的警报显示亦会同时闪亮。通过输入键盘的指定键，警报器将停止发出声音，警报显示灯亦会亮着及停止闪动。故障清除后，显示灯不会立即熄灭，直至在键盘上指定的"复位"按钮开动为止。警报声音停止后，若再遇上第二次警报，会再次发出声响。当轿厢内的警报按钮按动时亦须激活故障警报。承包单位必须在制造前呈交监控盘的详细说明及施工图（包括大样图）给建筑师批阅。

7.2.12　紧急设备

1）紧急电池供应

电梯配置 UPS，使之具有供电故障时自动平层的功能。当正常供电故障时，上述警报系统所需电力将自动转由紧急电池供应（包括镍镉电池连接于一套再充电系统,能持续替电池再充电并在 12 h 内完成,再充电系统必须能在完成任务后自动关断)。

2) 紧急照明

电梯轿厢内须设具有足够照度的照明灯,以使控制盘上及轿厢地板上的照度不少于 50 lx。如照明是白炽灯,至少要有两只并联的灯泡。应设自动再充电的紧急照明电源,在正常照明电源中断的情况下,它能至少供 3 W 灯泡用电 1 h。在正常照明电源发生故障的情况下,应立即自动接通紧急照明电源。

7.2.13　其他设备

1) 内部通信系统

须提供六方/五方内部通信系统。

2) 视频监控系统

在各电梯里,会由其他承包单位提供摄像机。承包单位须供应和安装由电梯轿厢至电梯弱电端子箱的随行电缆及供电电缆,并须派人员出席摄像机的安装,负责摄像机的轿厢顶部开孔工作。电缆必须终接在电梯弱电端子箱内,并预留出可供其他单位接驳的端子。在工作开展前承包单位须和该系统承包人做密切的协调工作。承包单位另须提供各电梯梯号和电梯轿厢位置信号于监控盘,用以显示各梯号及轿厢位置。有关信号形式须为串联资料传送,并与视频监控系统承包单位协调。当正常供电发生故障时,摄像机须自动转为应急蓄电池供电。

3) 电梯楼层显示器

通过电梯楼层显示器,接收电梯控制器的电梯所处楼层信号,并且将字符叠加于电梯摄像机图像设备内,实时动态地显示电梯轿厢所处楼层信息的图像。

机内设有 RS-232、RS-422、RS-485 及 24 路的并行口,可与电梯配合使用。所有接口电路均为标准接口,不会影响电梯正常运作。采用非接触式脉冲记数的方式对电梯所处楼层进行记录,并且应与电梯本身的控制系统无任何电缆连接。

可通过本设备的面板操作或电脑直接对楼层进行设定,性能要求如下:

(1) 具有累积误差自动校正功能。

（2）设备抗干扰性强,经严格的老化检验,质量稳定。

（3）具有电梯运行指示:上行、下行、暂停。

（4）图像字符加在电梯摄像机图像中。

（5）不受断电影响。

（6）断电后再上电时,楼层显示与电梯位置保持同步。

（7）设有 RS-485 接口,可与电脑相连,通过电脑集中管理技术参数:

① 工作电压:AC 220 V/50 Hz。

② 视频输出信号:1 V_{p-p}/75 Ω。

③ 工作环境温度:$-15\sim+55$ ℃。

4）广播系统

在每部电梯轿厢里会由其他承包人提供扬声器播放背景音乐和紧急广播。本承包单位必须派人员出席扬声器的安装,并负责轿厢顶部扬声器的开孔工作,扬声器电线的供应和安装则由本承包单位负责从每个轿厢装至各电梯顶层机房的接合箱内。

5）井底防水插座

每台电梯井底中须由承包单位负责供应及安装防水插座连防水插头。此插座应为 10 A 三脚防水插座,设有 30 mA 漏电断路器,且符合相关国家标准。整个组件的保护指数不应少于 IP44。其他承包单位将在电梯机房内设配电箱,以供承包单位接驳。

6）井道灯

（1）承包单位须负责供应及安装井道灯,如 GB/T 7588.1—2020 的规定。

（2）井道照明灯系统须由两路开关控制,设于井底和电梯机房中。

（3）底坑中井道照明灯的开关须是防水型。

（4）井道灯须是节能荧光灯,保护指数为 IP44,功率因数不少于 0.85,功率不低于 60 W。

（5）其他承包人在电梯机房设有分配箱,以供承包单位接驳之用。

7）楼宇自动控制系统

（1）承包单位需提供电梯与楼宇自控系统信号交接接口设备(须包括高阶接口数据网络或厂家专用的交接接口设备连软件),每台电梯应上报但不限于以下运行信息的数据:

① 电梯运行警报信号，如电梯编号、警报类别、警报时间等。

② 电梯操作状况信号，如正常供电、紧急供电、火警状况下运行、地震管制运行等，以及每台电梯的运行开/关及故障信号。

③ 电梯开/关状态。

④ 电梯机号、运行方向、轿厢所处位置。

⑤ 电梯故障明细、出现故障的部件、故障类别、故障发生时间等。

⑥ 电梯连续运行时间。

（2）承包单位须确保所提供的高阶接口设备及软件，与但不限于如下厂家通信兼容：

① Johnson Controls。

② Honeywell。

③ Siemens。

④ Satchwell。

⑤ TAC。

8）轿厢空调系统

（1）轿厢内设计参数

对有关的电梯提供空气调节系统，以维持轿厢内的温度符合下列要求：

① 夏季：25 ℃±2 ℃，相对湿度 60%±10%。

② 送风量：每人 5 L/s 或每小时 20 次换气次数的风量，两者中以较大者为准。

③ 轿厢内的照明负荷为 500 W，人数以电梯最大负载人数为准。空气调节系统在提供最大负荷时仍须宁静地运行，离风口 1 m 处的噪声不可超过 45 dB(A)。

（2）空气调节系统

每台电梯的整套空气调节系统须由原厂装配，且额定及测试冷量符合 A. R. I. 标准 210 的要求。整套空气调节系统须包括下列各项：

① 一台可于室外使用的分体式、水平排风的风冷式冷凝器连密封式压缩器，须有足够的容量以处理空气调节系统的散热量。冷凝盘管须外配以非铁质金属材料散热翅片组成，冷凝器风机应为直驱螺旋式，且具备耐侵蚀结构。须提供减振设备以防止冷凝器的震动传至电梯轿厢内，并在安装前将减振器及安装方法提交建筑师/工程师审批。

② 室内机须包括蒸发盘管,离心式风机连电动机安装在轿厢顶,蒸发盘管及其散热翅片须由非铁质金属材料组成并提供高效能的热交换效果,空气过滤器须为永久性可清洗型。

③ 冷媒管须为无缝铜管并以银焊接驳。冷媒气体管须以预制自灭闭泡式结构泡沫聚乙烯保温隔热材料包裹。

④ 空调系统冷凝水须收集在一个设于电梯轿厢顶的集水盘内,并提供一组根据冷凝的收集量而自动开关的蒸发器,将冷凝水有效蒸发。其水蒸气的排放应设计为不影响电梯设备及空调系统的操作。另须提供溢满检测装置,以侦测冷凝水于满溢时能实时将空调系统关闭,蒸发器却仍须保持运作直至冷凝水量恢复低水平,此时空调系统须自动恢复正常运作。该检定装置须提供一指示灯予监控屏盘以作警示。

⑤ 须提供控制箱连开/关按钮、指示灯、温度控制器以控制冷凝器及风机盘管,控制箱须设于电梯轿厢操控面板下的司机控制盘内。

⑥ 空调系统须与轿厢的通风机联锁,当启动空调机时,通风机须自动停止运行;而当空调机停止运作时通风机须自动运作以确保轿厢空气流通。

9)消防闸/保安闸设于电梯厅站门前的操作

若电梯门前设有消防或保安闸时,其门的操作必须与电梯系统联系,当该闸开始关闭或已关闭,必须传送有关信号给电梯控制系统,有关信号为干接触形式并藏于连接箱内,由有关消防闸/保安闸的承包单位提供。连接箱设于该层厅门上方位置,由连接箱至电梯系统包括所有的电线、线管及有关的轿厢操作控制系统将由本承包单位提供。

当电梯系统接收到有关信号时,电梯应立刻删除派遣至该层的停层信号,并且该层的轿厢呼唤按钮将改为无效,但该层的厅站呼唤按钮则不受影响。

该层的厅站呼唤按钮必须设于适当的地方,即使乘客被困于闸与电梯厅门之间的空隙时,仍可接触及做出厅站召唤。

10)门禁控制系统

所有载客电梯轿厢内会由其他承包单位提供1套门禁控制系统,管制轿厢内的呼唤如智能读卡器,承包单位必须派人员出席该系统部件的轿厢安装及负责开孔工作,而该系统电线的供应和安装,则由承包单位负责由每个轿厢装至各个电梯的端子箱内。该系统安装于轿厢部件,如需要,则须由随行电缆中一组独立的电线从机房的熔断器接出,或从其他指定电源安装。

承包单位需在电梯机房提供一端子箱,并提供每台电梯每层最少一个干接点或以高阶串联接口(以设计单位及其门禁控制系统承包单位确认并批准为最后配置)连接门禁控制系统。承包单位须预留足够信息线及随行电缆供门禁控制系统接驳。

承包单位还须在监控盘设置开关,用以由正常操作切换门禁控制系统运行模式。

7.2.14 消防电梯

消防电梯必须符合当地消防局的要求,满足但不限于以下条件:

(1)必须在基站提供一适当的控制开关,使消防局人员能立即控制电梯,把它引回基站,这种控制装置使电梯与公众控制隔离。在这种情况下,所有厅站呼唤点和控制开关将不能再开动,唯一控制权在轿厢操控箱内,以确保群控及集选控制无效。没有服务开关能凌驾于消防控制开关之上。

(2)当使用消防开关时,电梯将减速并停留在最近一处的厅站。轿厢和厅站门将维持关闭,电梯将回到主层,中途不会因有轿厢或厅站召唤而停止。

(3)电梯须在不超过 1 min 时间到达顶层楼。

(4)"消防电梯"字样必须用中英文字标明。

(5)符合当地消防局的相关要求。

7.2.15 无机房电梯

(1)承包单位所提供的无机房电梯必须为当地政府部门批准及认可。如有任何需要,承包单位必须负责对有关的法例、法规及条例申请修改/豁免,并须安排及提交所需的资料供有关政府部门审批。

(2)无机房电梯的设计必须符合以下要求:

① 有关限速器及曳引机的保养、维修、重大改动、更换及检验,必须能在轿厢顶安全及没有困难地进行。

② 限速器的设计应能在井道外控制其动作和复位。

③ 电动机制动器的设计应能在井道外使其释放。

④ 当对重完全压在它的缓冲器上时,轿厢在顶层端站的过度行程不应超过

安全距离,以免阻碍乘客的安全救援。

⑤ 应提供足够的照明装置以照亮井道内的限速器及曳引机。

(3)控制屏

当控制屏装嵌于井道外墙壁内,应设计为可上锁,只能供许可人士开启,并应提供刚性不锈钢板的柜形结构连接铰链门装上该控制屏,其位置须可令操作人员看见该层厅门轿厢内,控制柜的详细设计应提交建筑师审批。同时,控制柜的尺寸及位置亦须在回标文件内详细说明以供建筑师考虑。

当控制屏设置于井道内,须位于一处能让维修人员安全及迅速地对其进行检查及保养维修工作。承包单位还须提供所有需要的工作平台以到达该控制屏。

7.3 维修保养和备件

7.3.1 总则

(1)维修保养包括对所有电梯及自动扶梯装置做系统和定期检查、调校和润滑。

(2)当有需要时本承包单位须修理或更换电梯及自动扶梯装置的电力和机械部件。

(3)在缺陷保修期结束时,须由一合格工程师对电梯及自动扶梯进行另一次测试,任何缺陷必须由本承包单位自费修理。

7.3.2 责任

(1)本承包单位必须提供为期 24 个月的免费维修保养服务,包括每周的检查、加油、滑润、调校等,并处理所有服务召唤,该服务须是 24 h 提供的,如 7.3.3 节"维修保养目录"所详述。

(2)修理所有缺陷,无论是在每周服务还是当处理服务召唤时所发现的缺陷,均须处理。服务包括把整套电梯及自动扶梯系统时常维持在甲级运作状态所需的一切事宜。

(3)在缺陷保修期间,本承包单位必须提供足够应急的和消耗的备件,把因修理设备而造成的停机时间减至最低。一切发生缺陷的部件,包括指示器灯的替换,必须发生在缺陷保修期内。不得向发包人另收费用,除非那部分被人蓄意破坏。

(4)修理必须持续进行,一星期 7 d,每天 24 h,直至故障修妥完全恢复正常服务为止。本承包单位必须雇用曾受训练的人士负责所有维修保养工作,并承担一切支出。

(5)在主要修理之后,因系统或装置发生同样故障而使服务重复地中断,或当业主和建筑师要求时,必须立即发给业主一式两份报告。报告必须包括需要修理的成因、服务中断的理由、补救行动、完成修理和恢复正常的时间和日期。替换装置表必须附加在报告内。日常巡视的报告是不需要的,只有不能在日常巡视做修补的毛病才必须报告使人注意。日常和应召唤的巡视记录、详细的工作或行动,必须填写在记录表上。记录表由本承包单位提供,并放置在业主和建筑师指定的位置上。

7.3.3 维修保养目录

1)电梯维修保养目录

(1)定期服务

须安排每星期做定期检查和清洁。

工作范围须包括但不局限于以下项目:

① 清洁门导轨、地坎、吊勾,并检查门锁和紧急开锁设备,使操作安全,在有需要时须加以滑润。

② 检查所有厅站和轿厢召唤按钮、指示器。

③ 检查控制器,检验断路器或总开关、接触点、接触器等。

④ 检查紧急电池供应组和照明。

⑤ 检查轿厢顶部控制站。

⑥ 检查电动机/变频器/变压器/励磁转向器和滑环。

⑦ 检查轿厢内安全边缘、警钟、对讲系统、轿厢内部情况。

⑧ 清洁和检查限速器。

⑨ 检查位于上下端的导靴和导轨,在有需要时调校和清洁。

⑩ 检查调平准确度、乘车舒适度,有需要时重新调校。

⑪ 检查所有井道开关、极限开关、开关发动结构、楼层选择器、感应器板。

⑫ 检查防缓降装置、液压泵站、液压缸及所有液压管路的渗漏情况,如有需要则维修或更换有关部件(液压电梯适用)。

⑬ 检查油箱液压油液标位,如有需要则加添油液(液压电梯适用)。

(2)每月服务

① 检查机器减速箱和轴承。

② 检查制动器耦合和磨损补垫。

③ 检查滑曳引轮、滑轮、槽和轴承。

④ 检查钢丝绳的磨损情况。

⑤ 检查用于钢丝绳拉伸的对重间隙,检查曳引端接装置。

⑥ 检查缓冲器。

⑦ 审查随行电缆及其端接情况。

⑧ 检查安全钳开关和限速器开关。

(3)每年服务

① 在无负重下测试限速器和安全钳。

② 检查超重装置。

③ 如有需要时,检查和滑润所有滑车轮、车轮和轴承。

④ 检查所有安全开关的功能测试。

⑤ 如有需要时,检查所有梯厅门导靴,替换耗损的起重杆。

(4)三年的视察和检查

① 所有上述事项。

② 在满额定载重下测试限速器和安全钳。

2)自动扶梯维修保养目录

(1)定期服务

须安排每星期定期检查和清洁,工作范围须包括但不局限于以下项目:

① 清洁上下乘口集尘盘。

② 排出集油盘过满的残余油。

③ 检查控制盘。

④ 视觉检查机械、制动器、主传动链及其他辅助链。

⑤ 视觉检查梯级链、梯级链滚轴及梯级滚轴。

⑥ 视觉检查扶手带操作。

⑦ 在乘客方向，视觉检查梳齿板、围裙板及梯级的间隙情况。

⑧ 检查润滑单元，如有需要加以补充。

⑨ 适当地加润滑油、润滑剂及调校。

（2）半年检查

① 所有上述事项。

② 梯级链适当地加润滑剂。

③ 检查扶手带张力。

④ 检查梯级链张力装置移动情况。

（3）每年的视察和检查

① 所有上述事项。

② 所有滑车轮轴承补充润滑剂。

③ 如有需要，更换传动机械润滑油。

④ 所有安全装置功能测试。

⑤ 制动器制动距离测试。

⑥ 限速器功能测试。

⑦ 清洁斜面油槽。

⑧ 清洁梯级链剩余润滑剂。

8

消防系统技术管理要点

8.1 消火栓、自动喷洒

8.1.1 总则

本章说明供应和安装消火栓系统、自动喷洒、自动扫描灭火系统所需的各项技术要求。

1) 一般要求

(1) 有关系统的设备和安装工程须完全符合我国《建筑设计防火规范》《汽车库、修车库、停车场设计防火规范》《自动喷水灭火系统设计规范》《建筑灭火器配置设计规范》等及当地消防局的要求。

(2) 管道安装须由合格技工按建筑法规和其他有关标准进行。本承包单位必须与其他合约分包单位在工地上紧密合作,合理地按进度安排施工,尽量避免互相碰撞和减少返工,从而准时和满意地完成整项工程。因返工而造成的经济损失由本承包单位负责。

(3) 选择适当的设备和材料,同时所有设备和材料须可在 0～40 ℃及100％湿度的空气环境下不间断正常运作。

2) 质量保证

(1) 所有设备必须由具有至少 5 年生产本产品经验的厂商提供。

(2) 所有材料、设备和产品,无论国产或进口,须均为无瑕的全新产品,并应符合我国现行标准的技术质量鉴定文件或获得产品合格证。

3) 资料呈审

(1) 在获正式书面通知中标后 5 个工作日内和展开施工前,承包单位必须提交材料和设备一览表、样品板及产品技术说明书,以供审批。

(2) 样品板上除其他样品外,还须包括下列可供拆下检验的样品:

① 自喷洒水喷头。

② 镀锌钢管/碳钢管及配件。

③ 刚性/挠性电线导管。

④ 接线盒。

⑤ 电缆。

⑥ 电话插孔。

⑦ 消防卷盘喷嘴/橡胶软管。

⑧ 管架/管托。

（3）提供有关下列设备的完整技术资料，包括技术数据、说明书、装配图、特性曲线及有关单位签发的认可检验证明书等：

① 水泵/电动机。

② 手提式灭火器。

③ 消防卷盘/消火栓/水泵接合器。

④ 贮电池/充电器。

⑤ 喷洒系统报警阀。

⑥ 直读式流量计。

8.1.2　产品

1）消火栓

（1）所有消火栓栓口均应在离楼板面 1 100 mm 的高度设置。动压超出 0.5 MPa 的消火栓必须为减压稳压式消火栓类型或消火栓前设减压孔板，消火栓应为当地消防部门批准型号。

（2）消火栓阀须由炮铜制造，并为内扣式接口的球型截止阀式龙头，栓口直径应为 65 mm，能承受不小于 1 MPa 的工作压力。

（3）消火栓须按有关图纸所示进行安装，单栓消火栓应配备一条长 25 m、直径 65 mm 的消防水带，以及一支喷嘴口径不少于 19 mm 的水枪。

（4）室内消火栓的出水压不可少于 0.35 MPa 且不可大于 0.5 MPa，静水压不能大于 1.0 MPa。

（5）消火栓阀的开启方向须为反时针式，并应有明显的中英文开关指示。

（6）每套消火栓的位置均须提供金属制造的消火栓柜子或箱子。消火栓箱子须为中国消防部门认可的类型并由本承包单位提供和安装。

（7）所有配备于每个消火栓箱内的水带、水枪和灭火器等应采用独立的挂钩装设于箱壁上。

（8）每个室内消火栓的位置须配置消防通信专用的电话插孔与所属消防控制中心进行联络。

（9）各主要机房则须配置消防通信专用的电话分机与消防控制中心进行联络。

2）消防卷盘

（1）所有消防卷盘均为固定式或摇摆式，并应为中国消防部门批准型号。

（2）软管应为长 25 m、直径 19 mm 的加强橡胶喉管，并应容易地在 150 mm 直径的卷盘上绕卷而不呈屈曲状态。软管还应能抵受不少于 2.4 MPa 的破裂压力。

（3）软管应配有一个 4.5 mm 口径的喷嘴连带一个简易开关的双向阀，双向阀不得为弹簧作用型。喷嘴的射流在最低工作压力时不得少于 6 m 长。

（4）在每一消防卷盘的位置须提供一块不少于 1.5 mm 厚的不锈钢操作指示牌，牌上应刻上使用消防卷盘的中英文的指示和说明，操作指示牌应设置在消防卷盘旁或消火栓箱外。

3）水喷洒系统控制阀组

（1）水喷洒系统控制阀组应完全符合中国消防部门的要求，且工作压力应能承受大于系统压力的 15%。

（2）每个控制阀应由下列部件组成：

① 具有挂锁装置的闸式截止阀，装于报警控制阀两端。

② 报警控制阀。

③ 包括水力警铃、过滤器、压力开关等的报警装置。

④ 附有消防部门批准的试验设施。

⑤ 带有阀门的压力表。

⑥ 一整套装置。

⑦ 所有闸阀及报警控制阀须配设微动开关作监察之用。

⑧ 快速排气装置，供干式及预作用系统之用。

4）直读式流量计

流量计应为管孔或探孔类，具有带刻度的玻璃管和浮球，可以直接读出管道中的实际流量。

5）喷头

（1）洒水喷头须完全符合中国消防部门所批准型号。可熔连杆型温度级为 72 ℃，石英球型的温度级为 68 ℃，但用于厨房开水换热站等区域的炉头上为 93 ℃。

（2）各区域设置玻璃球型喷头。

（3）无吊顶区域及吊顶内喷头采用直立型喷头和下垂型（预作用系统为干式下垂型）喷头，有吊顶处采用吊顶型喷头。

（4）宽度超过 1.2 m 的风管、梁及排管等底部加设喷头，喷头装集热板，集热挡水板为消防专业厂商生产的标准正方形金属板，采用 1.0 mm 厚热浸镀锌钢板制作，其完成平面尺寸为 400 mm×400 mm，集热挡水板周边向下弯边，弯边高度 60 mm。

（5）石英球洒水喷头的金属部件应为镀铬黄铜。

（6）当石英球洒水喷头安装在吊顶处时，须提供镀铬黄铜碟。此碟应在不须拆除洒水喷头的情况下可调节以适应吊顶高度。

（7）净空小于 2.0 m 或可能会受外物碰撞的洒水喷头，须加装经审定的保护罩。

6）区域指示阀（水流指示器）

区域指示阀应提供于各防火分区内的喷洒系统，包括：内置监察装置式蝶阀或闸阀，以及连接总控制屏报警灯和报警铃的模块。

7）压力开关

在消防系统中的压力开关是用作启动/停止稳压泵/主水泵之用。开关的运转范围和差幅应满足系统的控制要求。

压力开关类型应为中国消防部门批准型号。

8）水流指示器

水流指示器应为叶轮式，有一隔壁将水侧与电侧分隔开。触点须适合于控制电路的工作电压与电流，其材料应为银或其他被认可的合金。水流指示器类型须为中国消防部门批准型号。

9）消防/喷洒系统水泵接合器

（1）水泵接合器应为炮铜制造的双进水口型，其构造包括适当孔径、阳螺纹接口的球型截止阀，连同两个标准 65 mm 瞬发出口连接器。水泵接合器应为中国消防部门批准类型。

（2）每个接合器应配备独立的止回阀、安全阀和闸阀。

（3）地下式水泵接合器应采用有"消防水泵接合器"标志的井盖，并在附近设置标识其位置的固定标志。

10）消火栓箱

每套消火栓均须提供金属消火栓箱，承包单位须把上述箱子的造价包括于标价内。消火栓箱的大小须按箱内装设的设备包括消火栓、消防卷盘、水带、射枪、自救水喉和灭火器的数目而定。消火栓箱须采用不少于 1.2 mm 厚内外焗漆钢板制造。承包单位应提供设计和制作这些柜子的全部必需资料，包括建议的尺寸、设备的尺寸、重量、箱面上"消火栓/消防卷盘"字样等，以供业主审批。对于电气控制器的专用柜子的要求应提交审批。承包单位应与总承包单位协调，并按图纸所指示的消火栓位置进行有关安装工作。

11）手提式/移动式灭火设备

承包单位应按图纸所示位置提供消防部门批准类型的手提式灭火器、移动式灭火器、便携式空气泡沫管枪配套、沙桶和防火毡。所有灭火器应设置在适高的挂墙、托架上或灭火器箱子内，其顶部离地面应少于 1.5 m，底部离地面不少于 0.15 m。

8.1.3　实施

（1）所有设备的安装应按照制造厂家安装说明书规定的方式进行，以保证设备的正常运作。

（2）将所有设备安装于规定位置，便于维修。

（3）所有设备在安装前须提供有关产品技术数据和合格证。

（4）所有设备应得到业主认可后才可安装。

（5）所有设备在安装前均应为新的，并有标示以利辨别其等级。

8.2　火灾自动报警及联动控制系统

8.2.1　总则

（1）本章可接受系统设备的最低质量标准及最少的使用功能。主要项目须采用制造的标准设备，工厂式接线。不接受改装或改变接线的设备，以达到图纸所要求的功能。

（2）系统设备须包括为实现所要求功能而必需的所有设备、电缆、供电组件、终接、人工及一切附件和所有的服务。系统设备均须为最新型号,其中须要更换的零、配件必须保证在保养期终了之后的 5 年期内仍可以得到供应。

(3)系统设备若选用进口产品,则必须具有我国公安部门检测证明并符合我国安防行业标准。若选用国产设备,则必须具有相关公安部门检验合格证,并符合安防行业有关规范和标准。

(4)消防系统控制和信号显示的布线以及所采用的电缆规格,必须符合火灾自动报警系统设计规范及当地消防局的要求。

(5)所提供的设备必须为具有至少 5 年生产本产品经验的厂商制造。

(6)火灾自动报警系统设备还应选择符合我国有关标准和有关准入制度的产品。对规则条目要求的全部设备须通过 CCCF 认证以及型式检验,并须提供公安部消防产品合格评定中心颁发的 CCCF 证书。

8.2.2 系统说明

1)说明

(1)本承包商须为本项目供应及安装一套全新的供其使用的火灾自动报警及联动控制系统、消防专用电话系统、电气火灾监控系统、消防设备电源监控系统、防火门监控系统、余压检测系统、不间断电源 UPS 系统、消防广播系统等。

(2)系统应采用总线制、模块化结构,采用智能网络体系。

(3)系统具有自动和手动两种联动控制方式,并能方便地实现手/自动切换,实现对受控设备的控制,应符合国家标准《消防联动控制系统》(GB 16806)。

(4)要求网络协议先进、成熟、稳定、可靠,符合工业标准。

(5)要求对等式令牌通信,各个控制盘存放各自的联动程序和与本机相关的网络联动程序:不依赖控制网络通信和存放所有网络联动程序的中央控制盘或计算机,以便在火灾等灾难事故中提高系统生存能力,充分发挥消防监控功能。

(6)要求简单的网络布线,可方便地在任何位置接入新的控制盘,从而使系统扩容十分简便。

(7)要求网络显示和控制功能强,可显示和控制所有控制盘上的全部物理点和虚拟点,在系统扩容时无须再增加网络显示器。另外,网络显示盘的数量可设置多个,以提供网络热备份。

（8）要求网络显示盘提供标准的串行通信接口（RS232，RS485）与其他的系统通信。同时，还提供成品的协议转换接口（物理桥）将不同协议的网络系统集成。无须开发专用系统耗费费用和时间。

（9）要求网络节点安装位置无任何限制。大容量的同时，网络信号的传输速率为 300 kB/s 以上。节点之间应有电气隔离。

（10）要求网络上时钟同步。

（11）要求系统结构没有主 CPU 或其他不可靠的中枢连接，各个节点之间不存在主/从关系，每一节点有独立的储存单元储存自己的程序和数据，同时对等地与其他节点进行通信。网络中的任何一个节点的故障都不会影响其他节点的动作和通信，要求形成真正的点对点对等式网络。

（12）要求网络系统具备成品的协议转换接口，能与楼宇自动控制系统联网，实现双向通信，而无须增加接口的费用。

（13）本系统须为智能式多功能地址编码消防报警系统，由具有内置微型处理功能的消防控制屏、地址式输出/输入接口单元、各类探测器、报警器、感应器等组件组成，并须具有火灾报警、联动控制、紧急广播、监察和报告系统及各组件的运作情况等功能。

（14）系统中各类设备之间的接口和通信协议的兼容性应符合现行国家标准《火灾自动报警系统组件兼容性要求》（GB 22134—2008）的有关规定。

（15）每个外围组件应有各自独立的"地址编码"，在控制屏上以文字的形式准确地报告火灾的位置、时间、日期等。

（16）系统应采用总回路方式连接所有的系统组件，使控制屏能不断地监控整个系统。用于整个系统的电缆须为非延燃性铜芯绝缘导线，并应敷设于金属导管或线槽内。

（17）控制屏须配置专用的蓄电池，使正常电源发生故障时，系统仍能照常操作而没有发生任何中断。系统操作采用直流电源，电压为 24 V。

（18）系统应为高灵活性，能随意对各个组件的地址编码重新编序，从而配合将来的出租房间的任何布局情况。此外，系统的容量须允许将来扩大系统的可行性。

（19）本系统装置必须能准确处理日期及时间数据（包括闰年在内，但不限于计算、比较、交换及安排次序），并能正常操作。

（20）本系统要预留 10％的系统余量，且保证主机每个回路均有余量。

2）系统组成

（1）本工程火灾自动报警系统采用集中控制型报警系统。控制室内消防设备集中设置，并有相对独立的操作空间。消防控制室设有直通室外的安全出口，其入口处设有明显标志，并要求采取防水淹的技术措施。消防控制室内严禁穿过与消防设施无关的电气线路及管线。

（2）在消防控制室内设置火灾报警控制器（联动型）、手动控制盘、消防控制室图形显示装置、消防应急广播控制装置、消防电话总机、消防应急照明和疏散指示系统控制装置、消防设备电源监控器、防火门监控器、电气火灾监控器等设备。

（3）消防设备电源监控器、防火门监控器、电气火灾监控器等子系统监控主机采用专用线路分别与火灾报警控制器（联动型）和消防控制室图形显示装置连接。消防控制室图形显示装置应具有显示和向远程监控系统传输《火灾自动报警系统设计规范》（GB 50116—2013）附录 A 和附录 B 规定的有关信息的功能。

（4）集中火灾报警控制器应能接收各区域火灾报警控制器的报警、故障、隔离及联动控制等运行状态信息，并将系统的运行信息传输给消防控制室图形显示装置。消防控制室图形显示装置应能集中显示所有火灾报警部位信号、联动控制动作信号和设备工作状态等信号。

（5）消防控制室的资料和管理、控制和显示、信息记录、信息传输等要求应符合《消防控制室通用技术要求》（GB 25506—2010）的有关规定。

3）系统回路

（1）火灾报警控制器的报警与联动控制总线均采用二总线制环形连接方式。联动总线和报警总线回路中所有设备应自带隔离功能。当不能满足要求时，应在系统总线上设置总线短路隔离模块，每只隔离模块保护的设备总数不超过 32 个；总线穿越防火分区时，应在穿越处设置总线短路隔离器。

（2）任一台火灾报警控制器所连接的设备总点数不得超过 3 200 点，其中联动点总数不得超过 1 600 点，每一报警总线回路报警点数不得超过 200 点，每一联动总线回路模块点数不得超过 100 点，且应留有 10％的余量。任一台消防联动控制器地址总数或火灾报警控制器（联动型）所控制的各类模块总数不超过 1 600 点,每一联动总线回路连接设备的总数不超过 100 点,且留有不少于额定容量 10%的余量。

(3)回路最长距离要求不少于 2 000 m。

4)联动控制系统回路

(1)基本要求

① 本工程消防联动控制系统采用集中控制型报警系统。消防联动控制器按照设定的控制逻辑向各相关的受控设备发出联动控制信号(应在 3 s 内),并接受其联动反馈信号。

② 各受控设备接口的特性参数应与消防联动控制器发出的联动控制信号相匹配。

③ 喷淋泵、消火栓泵、防烟和排烟风机等重要的消防设备,除采用联动控制外,还在消防控制室设置手动直接启动/停止控制装置。

④ 所有须由火灾自动报警系统联动控制的消防设备,其联动触发信号均采用两个独立的报警触发装置报警信号的“与”逻辑组合。

⑤ 应满足国家标准《消防联动控制系统》(GB 16806—2006)相关要求。

(2)消防联动(或联锁、手动)控制程序

火灾确认后,控制程序如下:

① 自动切断火灾区域及相关区域的除正常照明、安防系统、生活水泵、地下室污水泵和电梯外的所有非消防电源。

② 自动启动建筑内所有的火灾声光警报器,强制切入消防应急广播,向全楼播放,并可根据疏散指挥需要停止所有火灾声警报器。

③ 经消防联动控制器总线输出模块,打开疏散通道上门禁系统控制的常闭防火门和停车场出入口处的闸杆。

④ 控制发生火灾及相关危险部位的电梯回降首层,非消防电梯回降首层开门后切除电源。

⑤ 在发生火灾的报警区域喷水灭火系统即将启动前,切断该区域及相关区域的正常照明和安防系统电源;同时由发生火灾的报警区域开始,顺序启动全楼疏散通道的消防应急和疏散指示系统,全部启动的时间不大于 5 s。

⑥ 联锁或联动、手动直接启动自动喷淋系统、消火栓系统。

⑦ 按设定的程序联动或手动开启加压送风口、排烟口、电动排烟窗或排烟

阀;联动(或手动)启动加压送风机、排烟风机。

⑧ 根据联动触发信号自动关闭相关部位的常开防火门和防火卷帘。

（3）自动喷水灭火系统的联动控制

① 联锁控制:报警阀压力开关的动作信号直接联锁启动喷淋泵。

② 联动控制:报警阀压力开关的动作信号与该报警阀防护区域内任一火灾探测器或手动火灾报警按钮的报警信号的"与"逻辑作为触发信号,由消防联动控制器通过总线输出模块启动喷淋水泵。

③ 手动控制:通过消防控制室手动控制盘直接启动、停止喷淋泵。

④ 反馈信号:水流指示器、信号阀、压力开关的动作信号,喷淋泵的启、停状态和故障信号应反馈至消防联动控制器。

（4）消火栓系统的联动控制

① 联锁控制:消火栓系统出水干管上设置的低压压力开关、高位水箱(池)出水管上的流量开关、报警阀压力开关等的动作信号直接联锁启动消火栓泵。

② 联动控制:消火栓按钮的动作信号与该消火栓按钮所在报警区域内任一只火灾探测器或手动火灾报警按钮的报警信号的"与"逻辑作为触发信号,由消防联动控制器通过总线输出模块启动消火栓泵。

③ 手动控制:通过消防控制室手动控制盘直接启动、停止消火栓泵。

④ 反馈信号:消火栓泵的启、停状态和故障信号,消防水箱(池)最低水位和管网最低压力的报警信号等应反馈至消防联动控制器。

（5）防排烟系统的联动控制

由加压送风口所在防火分区内两只独立的火灾探测器的报警信号或一只火灾探测器与一只手动火灾报警按钮报警信号的"与"逻辑作为触发信号,15 s内由消防联动控制器联动开启以下设备:

① 该防火分区楼梯间的全部加压风机。

② 该防火分区内着火层及其相邻上下层前室及合用前室的常闭送风口、加压送风机(同时开启)。

当系统中任一常闭加压送风口开启时,自动启动相应的加压送风机。

（6）排烟系统的联动

由同一防烟分区内两只独立的火灾探测器的报警信号或一只火灾探测器与一只手动火灾报警按钮报警信号的"与"逻辑作为触发信号,由消防联动控制器控制以下设备：

① 15 s 内开启相应防烟分区的全部排烟口、排烟窗和排烟阀（担负两个及以上防烟分区的排烟系统，仅打开着火防烟分区的排烟阀或排烟口，其他防烟分区的排烟阀或排烟口呈关闭状态）。

② 30 s 内关闭与排烟无关的通风、空调系统。

系统中任一排烟口、排烟窗或排烟阀开启时，由消防联动控制器联动开启相应防烟分区的全部排烟风机和补风机。

排烟防火阀在 280 ℃ 自行关闭时，联锁关闭相应的消防排烟风机和补风机，具体要求如下：

① 手动控制：通过消防控制室手动控制盘直接启动、停止加压送风机、排烟风机。消防联动控制器上的一键式按钮通过总线输出模块按照预设的逻辑启动相关部位的加压送风口、电动挡烟垂壁、排烟口、排烟窗、排烟阀。机械排烟系统中的常闭排烟阀或排烟口应具有火灾自动开启、消防控制室手动开启和现场手动开启功能。

② 反馈信号：加压送风机、排烟风机的启动和停止动作信号，手/自动工作状态，加压送风口、排烟口、排烟窗或排烟阀的状态信号，电动防火阀（70 ℃）、排烟防火阀（280 ℃）的关闭信号等应反馈至消防联动控制器。

③ 加压送风机的启动应符合下列规定：现场手动启动；通过火灾自动报警系统自动启动；消防控制室手动启动；系统中任一常闭加压送风口开启时，加压风机应能自动启动。

④ 当防火分区内火灾确认后，应能在 15 s 内联动开启常闭加压送风口和加压送风机，并应符合下列规定：应开启该防火分区楼梯间的全部加压送风机；应开启该防火分区内着火层及其相邻上下层前室及合用前室的常闭送风口，同时开启加压送风机。

⑤ 排烟风机、补风机的控制方式应符合下列规定：现场手动启动；火灾自动报警系统自动启动；消防控制室手动启动；系统中任一排烟阀或排烟口开启时，排烟风机、补风机自动启动；排烟防火阀在 280 ℃ 时应自行关闭，并应连锁关闭排烟风机和补风机。

（7）气体灭火系统的联动控制

① 气体灭火系统由气体灭火控制器、感烟/感温火灾探测器、手动火灾报警

按钮、火灾声光警报器、紧急启停按钮、手/自动转换装置、电动驱动装置等组成。防护区域内的火灾探测器直接接入气体灭火控制器。

② 由同一防护区域内设置的感烟火灾探测器和感温火灾探测器或一只感烟火灾探测器和一只手动火灾报警按钮组成的"与"逻辑，或防护区外设置的紧急启动按钮的动作信号作为系统的联动触发信号。

③ 气体灭火控制器接到首个触发信号后，启动室内火灾声光警报器；接到第二个触发信号后，关闭送排风机及送排风阀，停止送排风系统及其电动防火阀，关闭门窗，延迟 30 s 启动气体灭火装置，同时启动门外指示灭火剂喷放的火灾声光警报器。

④ 气体灭火系统的手/自动、启/停状态和故障状态，火灾探测器的报警信号，选择阀/压力开关的动作信号，以及防护区域内须联动控制的相关设备的正常工作状态和动作状态等信号应反馈至消防联动控制器。

（8）防火门及防火卷帘的联动控制

① 疏散通道上常开防火门的联动控制：防火门所在防火分区的两只独立的火灾探测器的报警信号或一只火灾探测器和一只手动火灾报警按钮的报警信号的"与"逻辑作为触发信号，通过防火门监控器联动关闭防火门，防火门的开启、关闭和故障信号应反馈至防火门监控器。防火门监控器应满足国家标准《防火门监控器》（GB 29364—2012）的有关要求。

② 疏散通道上防火卷帘的联动控制：防火分区内任两只独立的感烟火灾探测器的报警信号的"与"逻辑或任一只专门用于联动防火卷帘的感烟火灾探测器的报警信号作为触发信号，通过防火卷帘控制器联动控制防火卷帘下降至1.8 m 处；任一只专门用于联动防火卷帘的感温火灾探测器的报警信号触发联动防火卷帘下降到楼面。防火卷帘两侧设置的手动控制按钮可控制防火卷帘的升降。

③ 非疏散通道上防火卷帘的联动控制：防火分区内任两只独立的火灾探测器的报警信号的"与"逻辑作为触发信号。

④ 通过防火卷帘控制器联动控制防火卷帘下降到楼面。防火卷帘两侧设置的手动控制按钮可控制防火卷帘的升降，消防控制室内的消防联动控制器可手动控制防火卷帘下降。

⑤ 位于充电桩车库内作为防火单元分隔的防火卷帘的联动控制：应能由火

灾自动报警系统联动下降并停在距地面 1.8 m 的高度,应在防火卷帘两侧设置由值班人员或消防救援人员现场手动控制防火卷帘开闭的装置。

⑥ 反馈信号:防火门监控器、防火卷帘控制器的工作状态和故障状态,与防火门监控器直接连接的感烟、感温火灾探测器的报警信号,疏散通道上所有防火门、防火卷帘的开/关、动作(降至 1.8 m 和降到楼面)和故障信号等均应反馈至消防联动控制器。

(9)电梯的联动控制

在消防控制室内设置的消防联动控制器应具有发出联动控制信号,强制所有电梯停于首层的功能。

电梯的运行状态、停用和故障状态、停于首层的反馈信号等应传送至消防联动控制器,并在消防控制室图形显示装置上显示。

应在首层的各消防电梯入口处设置供消防队员专用的操作按钮。

(10)火灾警报和消防应急广播系统

本工程的消防应急广播与消防广播系统独立设置。消防广播系统功放、广播分区控制器、应急广播音源设备、播音话筒等设备均设置在消防控制室内,火灾时应具有强制切入消防应急广播的功能。消防应急广播系统的联动控制信号由消防联动控制器发出,当确认火灾后,应同时向全楼进行广播。消防应急广播按防火分区划分回路。应急广播系统应预置地震广播模式。

确认火灾后,首先启动火灾声警报器(单次时间为 8~20 s),间隔 2~3 s 后再播放两次消防应急广播(每次 10~30 s),两者交替循环播放。

消防联动控制器应能同时启动和停止所有火灾声警报器。

① 消防应急照明和疏散指示系统。

消防应急照明和疏散指示系统的联动控制设计,应符合下列规定:

a. 集中电源非集中控制型消防应急照明和疏散指示系统,由消防联动控制器联动应急照明集中电源和应急照明分配电装置实现。

b. 当确认火灾后,由发生火灾的报警区域开始,顺序启动全楼疏散通道的消防应急照明和疏散指示系统,系统全部投入应急状态的启动时间不大于 5 s。

② 相关联动控制。

a. 消防联动控制器具有切断火灾区域及相关区域的非消防电源的功能,当需要切断正常照明时,在自动喷淋系统、消火栓系统动作前切断。

b. 消防联动控制器应具有自动打开涉及疏散的电动栅杆等的功能,开启相关区域安全技术防范系统的摄像机监视火灾现场。

c. 消防联动控制器具有打开疏散信道上由门禁系统控制的门和电动门的功能,并具有打开停车场出入口挡杆的功能。

5)火灾自动报警系统相关接口要求

(1)与气体灭火系统的接口要求

气体灭火系统以干触点(或通信接口)方式与火灾报警控制器通信。消防联动控制器可根据气体灭火系统的反馈信号,联动控制气体灭火系统防护区域外部相关消防设备。

(2)与固定消防炮灭火系统的接口要求

固定消防炮灭火系统包括可自动搜索火源、对准着火点和自动喷水灭火功能为一体的自动灭火装置。当装置探测到火源后,发出指令(可手/自动)联动打开相应的电磁阀,启动水炮泵灭火,扑灭火源后再发出指令关闭电磁阀,停止水炮泵。

固定消防炮灭火系统以干触点形式与火灾报警控制器通信,向火灾报警控制器提供固定消防炮灭火系统的工作和故障状态,以及电磁阀、水流开关的动作状态等信息。消防联动控制器可根据固定消防炮灭火系统反馈的信号联动控制相关消防设备。

(3)与电气火灾监控系统的接口要求

电气火灾监控系统采用通信接口与火灾报警控制器通信,将系统的工作、故障状态和报警(火灾预警)信号传输给消防控制室并在消防控制室图形显示装置上显示,火灾预警信号与火灾报警信号应有区别。

(4)与消防电源监控系统的接口要求

消防电源监控系统采用通信接口与火灾报警控制器通信,将电源工作状态和欠压报警信息传输给消防控制室并在消防控制室图形显示装置上显示,火灾预警信号与火灾报警信号应有区别。

(5)与防火门监控系统的接口要求

防火门监控系统采用通信接口与火灾报警控制器通信,将防火门反馈信息传输给消防控制室,并在消防控制室图形显示装置上显示,火灾预警信号与火灾报警信号应有区别。

（6）与智能化集成系统的接口要求

火灾自动报警系统应预留与智能化集成系统的通信接口，并向智能化系统集成平台开放通信协议，并提供相关信息。智能化系统集成平台接受火灾自动报警系统的报警信号后，可联动控制安防系统等相关子系统（作为消防联动控制系统的后备控制）。

（7）与远程监控系统的接口要求

火灾自动报警系统应预留与远程监控系统的通信接口，并具有向远程监控系统传输火灾报警、建筑消防设施运行状态和消防安全管理等信息的功能。

（8）与可燃气体探测报警系统的接口要求

可燃气体探测报警系统采用通信接口与火灾报警控制器通信，将可燃气体报警信息传输给消防控制室，并在消防控制室图形显示装置上显示，火灾预警信号与火灾报警信号应有区别。

（9）与应急照明系统的接口要求

应急照明系统采用通信接口与火灾报警控制器通信，将应急照明系统信息传输给消防控制室，并在消防控制室图形显示装置上显示，火灾预警信号与火灾报警信号应有区别。

各类设备之间的接口和通信协议的兼容性应符合现行国家标准《火灾自动报警系统组件兼容性要求》（GB 22134—2008）的相关规定。

6）消防专用电话

在消防水泵房、发电机房、变配电室、信息网络中心、主要通风和空调机房、防排烟风机房、消防值班室、消防电梯机房及轿厢、气体灭火系统操作装置等处设置消防专用电话分机。其他消防电话插孔设置在手动火灾报警按钮旁（选用带有电话插孔的手动火灾报警按钮）。

电梯轿厢内与消防控制室直接通话的专用电话由电梯的多方对讲系统实现。

在消防控制室设置可直接报警的外线电话。

7）可燃气体探测报警系统

可燃气体探测报警系统由可燃气体报警控制器、可燃气体探测器和火灾声光警报器组成，其通过接口与火灾报警系统通信。

8.2.3　设备规格

1）火灾报警控制器（联动型）/区域火灾报警控制器（联动型）

（1）火灾自动报警控制主机必须是通过《消防联动控制系统》（GB 16806）、《火灾报警控制器》（GB 4717）要求的联动型主机。

（2）单机容量：火灾报警控制器不低于 16 条回路。

（3）区域火灾报警控制器不低于 8 条回路。

（4）系统的程序不因消防报警控制主机的主电源和备用电源掉电而消失。

（5）系统应具有多级密码保护功能。

（6）探测器灵敏度能按需要设定和自动调整。

（7）消防报警控制主机必须按照国家标准和消防行业标准进行联网。

（8）消防报警控制主机应采用集中智能的模块化系统结构，便于系统升级。

（9）消防报警控制主机应在控制盘内，采用多 CPU 的模块化结构。要求：

① 各回路卡和功能卡分别存放各自有关的数据。

② 消除由于系统容量饱和所造成的 CPU 死机的情况。

③ 巡检周期和反应速度不依回路的增多而改变。

④ 在主 CPU 出现罕见的死机情况时，各个回路仍可以巡检各自的回路并实现报警和控制功能。此功能为系统的基本功能。

（10）消防报警控制主机要求电路结构紧凑、稳定、抗干扰强，适合各种环境。

（11）消防报警控制主机要求所有的端口均采用自保护可恢复式结构，在日后的使用中对备品的要求少，降低用户的运行和维护费用。

（12）消防报警控制主机要求多种智能报警控制器，适合不同区域的需求。

（13）消防报警控制主机要求具有功能完善的离线编程功能。通过密码可对控制盘进行离线编程，并可将控制盘的程序上传到电脑上存档或将电脑上的程序下载到消防报警控制主机。

（14）消防报警控制主机要求提供至少三级密码保护，分别对应系统操作和系统维护。

（15）火灾报警系统的消防总控制屏将设置于消防控制室内，其功能是控制和监察整个发展项目各区域的火灾报警系统。总控制屏须具独立显示及控制功能。

（16）控制屏及显示屏的外壳应采用 1.2 mm 厚的钢板制成，钢板表面应进行烤瓷处理并须达到 IP44 防水、防尘的保护要求。

（17）后备蓄电池应用独立的柜屏与控制屏分开设置。

（18）各有关的柜屏须进行适当的接地工作。

（19）控制屏应包括但不限于下列部件，使其具有各种所需功能：

① LCD 显示屏最少要显示 80 个汉字。

a. 显示整个系统的资料。

b. 显示报警区域。

② 发光指示器显示：

a. 主电源开启。

b. 系统开启。

c. 电池故障。

d. 系统故障。

e. 报警信号。

f. 手触式按钮。

g. 报警确认。

h. 蜂鸣器消声。

i. 警报消声。

j. 系统复位。

k. 系统测试。

l. 灯号测试。

m. 输入系统参数及联动程序。

③ 报警及故障蜂鸣器。

④ 微型处理器。

a. 储存整个系统的数据（储存最少 125 个发生事故记录）。

b. 接收现场信号进行联动控制。

c. 每个回路须拥有 10％后备容量，以便将来的发展。

d. 接驳外置电脑及图文显示器的 RS485 或同等接口。

（20）控制系统的电压为直流 24 V。当任何报警器被启动，相应的灯号即亮起，同时启动监督蜂鸣器。按下报警消防开关，电铃即停止工作。此后若输入第二次警报,电铃应再响起。只有当火警启动点恢复正常位置后,亮着的灯号才会熄灭。

（21）控制屏及显示屏上的蜂鸣器应循任何一故障区的动作而启动。按下"消声"开关时,蜂鸣器即消声,但故障指示器在故障排除器按下"恢复"键之后才熄灭。

（22）所有仪器和设备须坚固安装,内部电线的连接和排列应便于以后的维修和更换部件的工作。

（23）所有控制屏和控制柜内部用金属板隔开,以便分开仪器中的低压设备,并且防止温敏组件受热过高。

（24）所有的门应装有隐式铰链,并且在必要时带有开关机构的暗锁,还应装上由氯丁橡胶或其他可用材料制成的防尘垫。每一只门的锁应配备两把钥匙。

（25）通气百叶应设在控制屏底座的侧面和背面,设计为认可类型。所有通气百叶应设有网罩。

（26）所有油漆工作应采用高级磁漆。至少要有两层底漆,每层做法是先涂漆再抹平,最后一层漆的光泽应相当明亮。对漆膜还应采取一定的措施,表面完全清洁光滑、无杂物、无擦痕和图案以及其他缺陷。

（27）所有接线柱应设有护罩,其中带电的接线柱连同其分开的控制板上应设有适当的警告牌。所有电路须装上可拆装的熔丝或保险丝,以便分隔、检测和维修。

（28）消防报警控制器应配置总线回路控制,每个回路控制器接往各个带地址编码的探测器及控制/监视/隔离模块。此回路控制器应供电给所有探测器/控制/监视/隔离模块。此控制回路有任何故障时,应发出故障信号。

（29）所有具有地址编码智能功能的感烟和感温探测器,必须能感应烟浓度或温度,以类比信号传送到分区控制屏及总控制屏,显示其工作状况。分区控制屏及总控制屏应能分辨类比信号为正常或故障、预报警或是火灾报警。总控制屏上可设定每一探测器的灵敏度。

（30）此系统应在预定时间内自动执行全部探测器测试,测试各探测器的故障状况、浓度值是否正常等。

（31）为提高此系统的准确程度,消防控制屏应设有报警确认功能,报警确认时间应为 0～60 s。

2）计算机图文系统

在消防总控制屏旁边应配设一个彩色图文显示器,显示器应选用屏幕对角尺寸不少于 21 in,最小显示精度不少于 1 024×768、0.25 dpi。颜色、对比度、亮度应为分离控制的,屏幕应无反射。

要求计算机图文系统先进,工作建立在先进的 Windows 平台上,具有以下功能:

（1）系统的程序应能全部在消防中心内的计算机系统上写入和更改。

（2）计算机图文系统的运用环境应采用 Windows 操作系统,彩色显示,有图文功能。

（3）计算机图文系统应能自动显示报警/控制点的地址、状态,报警点的平面图画面自动弹出,报警点应以红色显示并不断闪烁。

（4）计算机图文系统应有操作引导功能,所有信息、菜单均应为中文。

（5）计算机图文系统应有动态、多媒体的时间显示和指导功能。

（6）计算机图文系统应有历史记录管理系统,方便生成系统运行情况的报告。

（7）计算机图文系统应有内置图形编辑软件,功能强大,无须设备厂商的介入就可简单地编辑、更改和增加系统图形,降低系统的运行和维护费用。

（8）计算机图文系统应通过密码或选购的指纹识别器对操作人员的登录进行记录。不同级别的操作人员可对其使用的功能和管理的范围进行限制。

（9）计算机图文系统应有高级管理人员可用其操作密码对网络中的所有报警控制盘进行程序的修改和程序的备份。

（10）计算机图文系统应有通过历史记录管理的程序,可方便地对以往的事件进行归纳整理并打印出清晰的报告。

3）手动控制盘

（1）多线输出控制可通过配置多线输出板实现。

（2）每路具备一个启停按钮,三个指示灯:启动、反馈、故障灯各一个。

（3）具备按键解锁功能,当一定时间没有按键操作时会自动锁定键盘。

（4）具备一个按键解锁键、一个允许指示灯。

（5）多线盘的每路都具有线路故障检测功能。

（6）多线盘的每路都具有最大 1 A 的驱动能力。

4）监视/探测/隔离模块

（1）每个探测器、感应器和按钮报警器均须配置模块，而每个监控模块须带有地址编码及智能功能。

（2）每个报警区域内的模块集中设置在本报警区域内的金属模块箱中。

（3）模块严禁设置在配电（控制）柜（箱）内。

（4）本报警区域内的模块不应控制其他报警区域的设备。

（5）未集中设置的模块附近应有尺寸不小于 100 mm×100 mm 的标识。

（6）模拟信号传送到控制屏时，此系统须能分辨监控对象的地点和类型。

（7）在回路上，按规范要求的探头数量设隔离模块。此外，每个回路的支路应设一个隔离模块，而每个防火分区亦应设隔离模块。在发生故障时（例如短路），该部分会自动被隔离，而回路上其余点均不受影响。模块也须能报告故障警号，同时提供故障点地址编码。

5）手动火灾报警按钮/消火栓报警按钮

（1）手动火灾报警按钮应设置在明显和便于操作的部位。当采用壁挂方式安装时，其底边距地高度宜为 1.3～1.5 m，且应有明显的标志。按钮的外表和式样须美观，并符合建筑师的要求，须用不碎塑料和不腐蚀材料制造，表面涂以红色磁漆。

（2）对正常的开/关系统，电触点应由镀银合金或其他许可的不锈合金制成。触点的额定电压和电流应在单元内注明。

（3）按钮应为嵌入式及适合直接与接线系统连接并无须附加接线盒、接头或连接器等。当安装接线系统须加上特别的接线箱时，这些箱子应由本承包单位提供。

（4）对隐式安装的报警器，本承包单位应提供平面板。

（5）二总线，可编址，外壳防护等级 IP43，具备红色巡检指示灯。

（6）启动方式：人工按下。复位方式：专用钥匙复位。

（7）每个消火栓按钮都具有一个独立的"地址编码"，在主控制屏上以文字的形式准确地报告火灾的位置、时间、日期等。

（8）每个手动报警按钮都具有一个独立的"地址编码"，在主控制屏上以文字的形式准确地报告火灾的位置、时间、日期等。

6）区域显示器

（1）每个报警区域宜设置一台区域显示器（火灾显示盘）；当一个报警区域包括多个楼层时，宜在每个楼层设置一台仅显示本楼层的区域显示器。

（2）区域显示器应设置在出入口等明显和便于操作的部位。当采用壁挂方式安装时，其底边距地高度宜为 1.3～1.5 m。

（3）显示容量：120 条火警信息。

（4）线制：四线制，总线和电源线各两芯，不分极性。

（5）最大功耗≤70 mA(DC 24V)。

（6）温度：0～+40 ℃。

（7）相对湿度≤95%，不凝露。

7）火灾声光警报器

（1）火灾声光警报器应设置在每个楼层的楼梯口、消防电梯前室、建筑内部拐角等处的明显部位，且不宜与安全出口指示标志灯具设置在同一面墙上。

（2）每个报警区域内应均匀设置火灾警报器，其声压级不应小于 60 dB；在环境噪声大于 60 dB 的场所，其声压级应高于背景噪声 15 dB。

（3）当火灾警报器采用壁挂方式安装时，其底边距地面高度应大于 2.2 m。

（4）工作电压 DC 24 V，动作电流小于 90 mA，四线制可编址，声调：火警声，IP30，白色氙气频闪灯闪光频率 1.0～1.5 Hz。

8）警铃

（1）所有警铃应由铁制成，能抗腐蚀，电压为直流 24 V。采用 150 mm 红色圆形碗式电铃，便于内接直径 20 mm 电缆管道。

（2）对 250 mm 直径的警铃的要求与上项相同，但须适用于室外抵抗风化。

（3）警铃须以中英文标明"火警""Fire Alarm"。

（4）警铃电路应相互独立，并且在控制单元内设有各自的保险丝。

（5）安装在消防水泵结合器柜中的警铃采用室外式，以防水及抵抗风化。

9）探测器

（1）一般要求

① 所有感烟和感温探测器应置于同一类底座上，而地址编码应设定在探头上或由控制屏自动设定。当有需要换地址编码或探头类型时，底座不受影响，也不须另接电线。

② 探测器上应装设指示灯,指示灯的闪灯状态应由系统的要求而决定。当探测器接收到报警信号时,指示灯必须启亮以显示发生火灾。

③ 每个探测器上应设磁性测试纸,作测试该探测器之用。此测试功能亦须能在消防控制屏上进行。

④ 感烟和感温探测器都应带有地址码和智能功能,探测器能感应烟浓度或温度,以类比信号传送到消防控制屏后显示其工作状态。

⑤ 探测器应符合中国消防当局的要求。

（2）智能感温探测器

① 智能感温探测器在温升速率和温度分别达到 8 ℃/min 和 57 ℃时开始报警,工作电压为直流 24 V。

② 探测器应配有原装指示灯以及可供连接遥距指示灯的接口。

③ 智能感温探测器应为电子产品,配有双式感温元素。

（3）智能感烟探测器

① 智能感烟探测器须能探测到产生燃烧的肉眼可见和不可见的物质。

② 探测器应为光电式,附设光线室、红外线 LED 光线发送器及光电式接收器,利用光线的散射原理进行操作。

③ 采用固态电路,工作电压为直流 24 V。这一单元在监视状态下的耗能应最低,并且不得超过 100 μA。

④ 每个感烟探测器应包括一个底座及一个感应室,经过简单的程序把感应室插在底座上并转动牢固后便能进入工作状态。当感应室折离底座或未能适当地牢固时,应发出故障信号。

⑤ 若在底座上折离探测器或接上其他类型的探测器时,则应发出"故障"的火警信号。

⑥ 探测器应仍能在相对湿度高达 90% 的情况下正常工作,并不影响其准确度。

⑦ 探测器电路应非常可靠,并且不受骤变电压的影响。在电源电压波动大的条件下,例如在平时由系统中电池充电器在充电及放电时引起电压波动的情况下,探测器也应能顺利工作。

⑧ 工作电压:总线 24 V。

⑨ 报警确认灯:红色,巡检时闪烁,报警时常亮。

⑩ 温度：-10～+55 ℃。

⑪ 相对湿度≤95％,不结露。

⑫ 编码方式：十进制电子编码。

⑬ 外壳防护等级：IP23。

⑭ 探测器应配有原装指示灯以及可供连接遥距指示灯的接口。

⑮ 当探测器安装在吊顶上时,应设有装饰底板以供探测器嵌入装置在吊顶上。

⑯ 防爆探测器须具备防爆功能,产品应符合 GB 3826.1 及 GB 3836.4 中相应规定。

⑰ 带蜂鸣器底座的感烟探测器除满足以上要求外,须满足当烟感报警时,底座会发出高分贝警报声。

（4）可燃气体探测器

① 可燃气体探测系统应由可燃气体报警控制器、可燃气体探测器和火灾声光警报器等组成。

② 可燃气体探测系统应独立组成,可燃气体探测器不应接入火灾报警控制器的控制回路；当可燃气体的报警信号须接入火灾自动报警系统时,应由可燃气体报警控制器接入。

③ 可燃气体报警控制器的报警信息和故障信息,应在消防控制室图形显示装置或几种控制功能的火灾报警控制器上显示,但该类信息与火灾报警信息的显示应有区别。

④ 可燃气体探测器是对单一或多种可燃气体浓度响应的探测器。

⑤ 当探测气体为天然气时,应安装在离天花板小于 1 m 处。

⑥ 报警方式：报警指示灯闪烁,蜂鸣器响等。

⑦ 探测器适用的温度范围为+10～+50 ℃。

10）水位探测器

水位探测器应安装在水箱/水池中,用以监察水箱内的高低水位情况,并向总消防控制屏发出适当的报警及显示信号。

探测器应为防水橡胶类型,并须为浸入式和免维修型。

11）火灾应急广播切换控制

承包单位须提供火灾应急广播切换控制设备。

（1）当任何报警器被启动,其信号将会显示于分区/总消防控制屏上,同时启动火灾应急广播切换控制。

（2）火灾应急广播的操作应为:火灾声警报器响动 10 s 后停顿,播放预录声带以通知人员发生火警,然后火灾声警报器再次响动。火灾声警报器和广播将重复不断,直至报警信号于消防总控制屏上复位。

12）切断非消防电源

本承包单位须按防火分区控制要求于各层配电房内提供足够的分区控制无电压接点,以供发生火警时,在消防控制室以手动强切失火区的非紧急电源。本承包单位须负责供应及安装由各层配电房内的无电压接点,至消防控制室切断非消防电源控制屏所需的电缆、接线盒、线管及一切有关的联动控制设备。

13）升降机回降

本承包单位须提供继电器箱及无电压接点连同所需的配线和导管于各升降机房电梯井内,以供电梯承包单位接驳。当发生火警时,把升降机回降至首层及制停有关的自动扶手电梯。继电器箱的正确位置须在绘制深化施工图之前与电梯承包单位协调,并获得建筑师批准。

14）消防电话总机

可对分机线路实时检查,线路开路有声光报警,消防电话需要采用屏蔽线缆,避免出现杂音。可自动记录存储呼叫和接通时间,记录不少于 120 条。现场电话分机摘机时,总机有声光报警,屏幕显示呼叫时间和呼叫分机号。电话总机须装备以下附件:

（1）呼叫电话分机号的按键盘。

（2）呼叫指示。

（3）音频呼叫声。

（4）手持送话听筒。

（5）音量控制。

（6）扬声器。

（7）须为带手持送话听筒的免提送话听筒式。

15）消防联动柜及设备控制柜

本承包单位须按有关规范要求于消防控制室提供联动柜及设备控制柜,以对下列系统进行联动控制、手动控制及工作状态显示,但不仅限于下列:

(1) 自动喷水灭火系统,包括喷淋消防泵控制箱(柜)、预作用阀组和快速排气阀入口前的电动阀的启、停按钮及显示。

(2) 室内消火栓系统,包括消火栓泵控制箱(柜)的启、停按钮及显示。

(3) 防排烟及楼梯/前室加压系统的联动及手动控制。

(4) 防火门及防火卷帘的联动及手动控制。

(5) 电梯的联动控制。

(6) 火灾警报和消防应急广播联动控制。

(7) 消防应急照明和疏散指示系统的联动控制。

(8) 电气系统,包括手动强切非紧急电源的设施。

16) 消控室配电柜下口电缆——耐火电缆(NH)

(1) 此种型式的电缆须为 600/1 000 V 电压、铜芯、耐火材料绝缘电缆,且在规定温度和时间的火焰燃烧下仍能保持线路完整性的电线电缆。此种电缆须符合《额定电压挤包绝缘电力电缆及附件 第 1 部分:额定电压 1 kV 和 3 kV 电缆》(GB/T 12706.1—2008)的要求。

(2) 电缆之外护套须为聚氯乙烯护套,符合《在火焰条件下电缆或光缆的线路完整性试验 第 11 部分:试验装置——火焰温度不低于 750 ℃ 的单独供火》(GB/T 19216.11—2003)的耐火要求。

17) 消控室配电柜下口电缆——无卤低烟阻燃电缆(WDZ)

(1) 此种型式的电缆须为 600/1 000 V 电压、铜芯、低烟无卤阻燃材料绝缘电缆,材料不含卤素,燃烧时产生的烟尘较少并且具有阻止或延缓火焰蔓延的电线电缆。此种电缆须符合《额定电压挤包绝缘电力电缆及附件 第 1 部分:额定电压 1 kV 和 3 kV 电缆》(GB/T 12706.1—2008)的要求。

(2) 阻燃测试须符合《电缆在火焰条件下的燃烧试验 第 3 部分:成束电线或电缆的燃烧试验方法》(GB/T 18380.3—2001)规定的标准。

(3) 无卤低烟测试须按《取自电缆或光缆的材料燃烧时释出气体的试验方法 第 2 部分:卤酸气体的测定》(GB/T 17650.2—2021)及《电缆或光缆在特定条件下燃烧的烟密度测定》(GB/T 17651—2021)之要求。

参考文献

［1］陈路阳,孙立新.电梯制造与安装安全规范 第 1 部分:乘客电梯和载货电梯:GB/T 7588.1—2020［S］.北京:中国标准出版社,2021.

［2］陈路阳,孙立新.电梯制造与安装安全规范 第 2 部分:电梯部件的设计原则、计算和检验:GB/T 7588.2—2020［S］.北京:中国标准出版社,2021.

［3］中国建筑标准设计研究院.建筑电气常用数据手册 19DX101-1［M］.北京:中国计划出版社,2019.

［4］刘屏周.工业与民用供配电设计手册［M］.4 版.北京:中国电力出版社,2016.

［5］陆耀庆.实用供热空调设计手册［M］.2 版.北京:中国建筑工业出版社,2008.

［6］中国建筑科学研究院有限公司.高效制冷机房系统应用技术规程［M］.北京:中国计划出版社,2022.

［7］赵锂,陈怀德,姜文源.消防给水及消火栓系统技术规范:GB 50974—2014实施指南(修订版)［S］.北京:中国建筑工业出版社,2016.

［8］谭立国,莫慧,苗健.自动喷水灭火系统设计规范工程解读［M］.北京:中国建筑工业出版社,2019.

［9］周立军.机电工程管理与实务［M］.长沙:湖南大学出版社,2008.

［10］张文洁,于晓光,王更柱.机械电子工程导论［M］.北京:北京理工大学出版社,2016.

［11］高钟毓.机电控制工程［M］.3 版.北京:清华大学出版社,2011.

［12］王孙安.机械电子工程原理［M］.北京:机械工业出版社,2010.